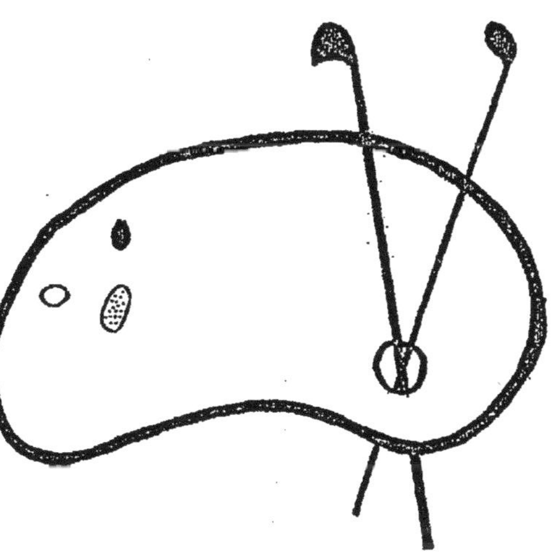

Texte détérioré — reliure défectueuse

NF Z 43-120-11

COUVERTURE SUPERIEURE ET INFERIEURE
EN COULEUR

VALABLE POUR TOUT OU PARTIE DU
DOCUMENT REPRODUIT

L'ABEILLE

JOURNAL D'ENTOMOLOGIE

RÉDIGÉ PAR

M. S.-A. DE MARSEUL

ANCIEN PRÉSIDENT DE LA SOCIÉTÉ ENTOMOLOGIQUE DE FRANCE,

MEMBRE DES SOCIÉTÉS ENTOMOLOGIQUES

DE LONDRES, DE RUSSIE, DE BELGIQUE ET DE SUISSE,

ET DE PLUSIEURS AUTRES ACADÉMIES ET SOCIÉTÉS SAVANTES

NATIONALES, ÉTRANGÈRES, etc.

PARIS

CHEZ L'AUTEUR, BOULEVARD PÉREIRE, 271, TERNES;

RORET, LIBRAIRE, RUE HAUTEFEUILLE, 12.

L'ABEILLE, Journal d'Entomologie, publie l'histoire des coléoptères par monographies, des analyses détaillées de tout mémoire sérieux, les documents utiles perdus dans des Revues anciennes, dans des ouvrages très-rares, et tout ce qui peut intéresser concernant les insectes. Les livraisons, composées d'environ 36 pages, y compris une feuille de *Nouvelles et Faits divers,* forment des volumes dont 14 sont achevés.

Les prix d'abonnement, payables d'avance, sont :

Pour la France, 7 fr. 6 livraisons ; 13 fr. 10 livraisons, et 25 fr. 24 livraisons.

Pour l'étranger, 15 fr. 50 cent. 12 livraisons, et 30 fr. 24 livraisons.

3 fr. 60 cent. pour 20 numéros de *Nouvelles et Faits divers.*

Chaque livraison séparée, 1 fr. 50 cent.

La collection des 14 volumes achevés est de 234 fr., et pour les abonnés de 192 fr. — Toute facilité de paiement est accordée aux nouveaux abonnés.

Chaque volume séparément, 18 fr.; pour les abonnés, 15 fr.

L'*Association d'Échanges* réunit des insectes qu'elle répartit, entre ses membres, par centurie d'espèces. Chacun fournit en retour 6 espèces en nombre suffisant pour faire 150 insectes, choisies dans la liste de ses doubles. En envoyant un Catalogue pointé de sa collection, on peut obtenir exclusivement des espèces qu'on n'a pas, moyennant 2 insectes par espèce.

Les frais d'envoi, de correspondance, etc., restent à la charge de l'associé. (Voir Nouvelle 27'.)

OUVRAGES ENTOMOLOGIQUES

qu'on peut se procurer chez M. S.-A. de Marseul :

Monographie des Histérides avec ses Suppléments (1853-1862), 38 pl. 75 f. »»

Histers nouveaux (1871) . . . . 5 »»

Monographie générale des Mylabres (1872), 6 pl. noires, 22 fr.; color. 26 »»

Hétéromères du Japon (1876) . . . . 6 »»

Catalogus Coleopterorum Europæ et confinium . . . . 2 »»

Index des Coléoptères de l'Ancien-Monde (Suppl. au *Catalogus,* etc.) . . 3 75

Les deux en un volume 4 50

Toute demande de renseignements doit être accompagnée d'un timbre-poste pour l'affranchissement de la réponse, et de 1 fr. 50 si l'on désire une livraison comme *spécimen.*

Charleville, Typ. A. Pouillard

L'ABEILLE, Journal d'Entomologie

Par M. S.-A. DE MARSEUL

INDEX

DES

COLÉOPTÈRES DE L'ANCIEN-MONDE

Décrits depuis 1863 dans le

RÉPERTOIRE DE L'ABEILLE

ET AUTRES MÉMOIRES

OU

SUPPLÉMENT AU CATALOGUE DES COLÉOPTÈRES

D'EUROPE & PAYS LIMITROPHES

PAR

M. S.-A. DE MARSEUL

PARIS

CHEZ L'AUTEUR, BOULEVARD PÉREIRE, 271, TERNES;
RORET, RUE HAUTEFEUILLE.

—

1 8 7 7

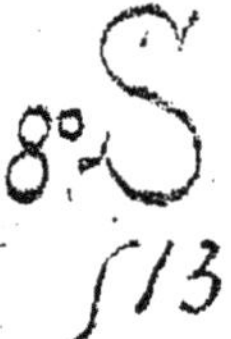

Charleville, Typographie et Lithographie de A. POUILLARD.

AVANT-PROPOS.

Dans ces derniers temps, on a publié de tous côtés un nombre si considérable d'espèces de coléoptères, qu'avant de livrer à l'impression le *Catalogue synonymique des Coléoptères de l'Ancien-Monde,* dont le manuscrit est déjà prêt, il nous a semblé indispensable de soumettre à la critique ces espèces décrites à la hâte, afin de dégager le bon grain de l'ivraie : tel est le but principal de ce travail.

En outre, le *Répertoire* composé des tomes VIII, IX et XII de l'*Abeille,* exigeait une table détaillée des matières qui permît de retrouver facilement les descriptions; et au lieu d'une liste alphabétique, nous avons cru plus utile de donner un index méthodique des tribus, des genres et des espèces avec leur pagination dans le *Répertoire* et leur patrie. Pour augmenter encore l'intérêt de ce recueil, si bien accueilli par nos abonnés, réservé aux descriptions isolées et éparses dans divers recueils, nous avons ajouté les espèces des monographies en indiquant la pagination de celles décrites dans l'*Abeille.* Ainsi, c'est un véritable supplément à notre petit *Catalogue,* aujourd'hui dans toutes les mains, et il formera avec lui le plus complet et le moins cher des catalogues.

Inutile de rappeler que les patries sont représentées par les initiales : B *Grande-Bretagne,* S *Suède,* R *Russie,* F *France,* A *Allemagne,* E *Espagne,* I *Italie,* T *Turquie,* G *Grèce*...; l'une des lettres n, e, s, o, en usage pour indiquer les points cardinaux, élevée à la droite, indique le nord, le midi, l'est ou l'ouest de la région ; les montagnes ou contrées spéciales, comme *Pyrénées, Alpes, Caucase, Corse, Sicile, Canaries,* etc., sont désignées par les noms en abrégé ; le *Répertoire* par Rép., l'*Abeille* par Ab.; les autres abréviations sont celles de l'édition de 1863 et se comprennent d'elles-mêmes.

Un trait - placé après le nom d'espèce signifie que nous possédons l'espèce : nous recevrions volontiers toutes celles qui ne sont pas pointées; soit à titre d'échange soit à prix d'argent.

Les genres portent les mêmes numéros que dans le *Catalogue* de 1866, ce qui nous dispensera de reproduire cette liste alphabétique longue et dispendieuse des genres ; car il suffira, après avoir trouvé un genre quelconque dans le *Catalogus* à l'aide de la table, de le chercher dans l'*Index* à son numéro d'ordre; par exemple : *Adelops* p. 39, se trouve au n° 340, *Leichenum* p. 82, au n° 909.

Les espèces sont rangées autant que possible dans l'ordre naturel, et numérotées à partir de celles du *Catalogue;* nous aurions voulu marquer leur place dans la série, mais il nous eût fallu sacrifier la suite des numéros, qui est fort utile pour correspondre ou prendre des notes.

Enfin cet *Index* est accompagné d'une liste des ouvrages utiles à consulter pour l'étude des coléoptères de l'Ancien-Monde : c'est une réponse détaillée aux demandes de renseignements qui nous sont journellement adressées. Ces ouvrages, classés et par noms d'auteurs, et par date de publication, et par ordre de matières, fournissent bon nombre de précieux renseignements.

Puisse ce petit travail aplanir aux entomologistes autant de difficultés qu'il nous a coûté de recherches !

Paris, le 20 mai 1877.

OUVRAGES UTILES A CONSULTER

POUR L'ÉTUDE

DES COLÉOPTÈRES DE L'ANCIEN-MONDE

I. — OUVRAGES GÉNÉRAUX.

a) *Sociétés entomologiques.*

Belgique (Annales de la Soc. ent. de).
> Bruxelles. 8° 1857. T. I. — XVIII.

Berlin (Deutsche entomol. Zeitschrift).
> Berlin. 8° 1857. T. I. — XVIII.

Espagne (Annales de la Soc. espagnole d'Histoire naturelle).
> Madrid. 8° 1871. T. I. — III.

France (Annales de la Société ent. de).
> Paris. 8° 1832. T. I. — XLIV.

Italie (Bullet. de la Soc. entom. italienne).
> Florence. 8° 1869. T. I — VII.

Londres (Transact. de la Soc. ent. de).
> Londres. 8° 1834. T. I — XXI.

Moscou (Bullet. de la Société des Naturalistes de).
> Moscou. 8° 1827. T. I — XLVIII.

Russie (Horæ Soc. ent. Rossicæ).
> St-Pétersbourg. 8° 1861. T. I—X.

Stettin (Entomologische Zeitung)
> Stettin. 8° 1840. T. I — XXXV. et (Linnæa entomologica 1846) T. I — XVI.

Suisse (Bullet. de la Soc. suisse d'Entomol.)
> Schaffouse. 8° 1862. T. I — IV.

b) *Publications particulières.*

L'Abeille, Mémoires ou Journal d'Entom., par S.-A. de Marseul.
> Paris. 18° 1864. T. I — XIII.

Etudes entomologiques par V. de Motschulsky.
> Helsingfors. 8° N° 1, 1852 — N° 11, 1862.

Genera des Coléoptères, par Th. Lacordaire, né en 1801, mort en 1870, et le Dr Chapuis.
> Paris. 8° 1854. T. I — XII 1875. pl. 110.

Manuel d'Entomologic, par Herman Burmeister.
> Berlin. 8° T. I 1832 — V 1847.

Magasin de Zoologie, par Ed. Guérin-Méneville.
> Paris. 8° 1828 — 1844.

Revue de Zoologie, par Ed. Guérin-Méneville.
> Paris. 8° 1838 — 1848.

Revue et Magasin de Zoologie, par Ed. Guérin-Méneville.
> Paris. 8° 1849 — 1874.

Opuscules entomologiques, par E. Mulsant.
> Lyon. 8° I 1852 — XIV 1874.

c) *Faunes régionales.*

France (Faune entomolog. de), par Léon Fairmaire.
> Paris. 18° T. I 1854-1856. p. 665.

France (Coléoptères de), par E. Mulsant et Cl. Rey.

> Lyon. 8° 1869 — 1875.

Algérie (Expédition scientif. d') : Insectes, par H. Lucas.

> Paris, f° 1862.

— (Essai sur les Coléoptères de Barbarie), par Léon Fairmaire.

> Soc. ent. Fr. 1858 p. 643; 1860 p. 148, 419; 1866 p. 17; 1867 p. 387; 1868 p. 471; 1870 p. 369.

Allemagne (Faune des Coléoptères d'), par Jacob Sturm, né en 1771, mort en 1848, et J.-H.-Frédéric Sturm, mort 1862.

> Nürenberg. 18° T. I 1805 — XXIII 1857. pl. col. 424.

Autriche (Fauna austriaca : die Kæfer), par L. Redtenbacher.

> 3ᵉ édit. Vienne. 8° T. I 1872 p. 153 et 564; T. II 1874 p. 572 pl. 2.

Suède (Insecta suecica : Coleoptera descripta a L. Gyllenhall).

> Scaris et Leipzig. 8° T. I 1808 IV 1827.

— (Coléoptères de), par C.-G. Thomson.

> Lund. 8° T. I 1859 — X 1868.

Syrie (Espèces nouvelles ou peu connues des Coléoptères de), par L. Reiche et F. de Saulcy.

> Soc. ent. Fr. 1851 p. 561; 1856 p. 353; 1857 p. 649; 1858 p. 1 ; 3 pl. col.

II. — OUVRAGES SPÉCIAUX

SUR UNE FAMILLE, UNE TRIBU
OU UN GENRE PARTICULIER.

a) Par Noms d'Auteurs.

Abeille de Perrin (Elzéar).

1 *Cavernicoles* (Étude sur les Coléoptères), *Anophthalmus*, *Adelops*, etc.

> Marseille, 8° 1872 p. 41.

2 *Salpingiens* européens (Etudes sur les).

> Soc. Hist. nat. Toulouse. T. VIII 1874 p. 24-32.

3 *Cisides* européens et circaméditerranéens (Essai mon. sur les).

> Marseille. 8° 1874 p. 100.

Allard (Ernest).

1 *Sitones* (Notes pour servir à la classification des Coléoptères du genre).

> Soc. ent. Fr. 1864. p. 329-388.

2 *Alticides* (Monogr. des).

> Abeille. T. III 1866. p. 340.

3 *Bruchites* d'Europe et du bassin de la Méditerranée (Etudes sur le groupe des).

> Société entom. Belg. T. XI 1868 p. 83-124.

4 *Asida* (Révision du genre).

> Abeille. T. VI 1869 p. 146.

5 *Byrsopsides* (Révis. des Curculionides).

> Berl. ent. Zeits. 1870. Beiheft. 185-206.

6 *Sphenophorus* (Rév. du genre).

> Berl. id. p. 207-210.

7 *Erodius* (Mon. des espèces du genre).

> Paris. 8° 1873 p. 113.

8 *Sepidium* & *Vieta* (Mémoires sur les genres).

> Paris. 8° 1874 p. 32.

9 *Helopides* (Révis. des).

> Abeille XIV 1876 p. 80.

Aubé (Dʳ Charles), né 1802, mort 1870.

1 *Pselaphorum* (Mon. cum synonymia extricata).

> Guér. Mag. Zool. 1833 p. 71. pl. 17.

2 *Pselaphiens* (Révision de la famille des).

> Soc. ent. Fr. 1844 p. 73-160. pl. 3.

3 *Hydrocanthares et Gyriniens* (Iconographie et Hist. nat. des).

Paris. 8° 1838 p. 11 et 451. pl. col. 43.

4 — (Spéciès général des Coléoptères de la collection Dejean).

Paris 8° 1838 p. 9 et 804.

5 *Monotoma* (Essai sur le genre).

Soc. ent. Fr. 1837 p. 453–469, pl. 17.

6 *Calyptobium* (Note sur le g^{re}).

Soc. ent. Fr. 1843 p. 241–247. pl. 10.

Bedel (Louis), né 1849.

1 *Erotyliens* d'Europe, du nord de l'Afrique, et de l'Asie occidentale (Monogr. des).

Abeille V 1868 p. 1–50.

2 *Brachycerides* du bassin de la Méditerranée (Révision des).

Soc. ent. Fr. 1874 p. 119–212 pl. 4.

3 *Articulés cavernicoles* de l'Europe (Liste générale des), avec E. Simon.

Gervais, Journ. zool. IV 1875 p. 69.

Boïeldieu (Anatole).

1 *Ptiniores* (Monogr. des).

Soc. ent. Fr. 1856 p. 285, 487, 629. pl. 10, 17–19.

Boheman (Charles-Henri), né 1796, mort 1868.

1 *Cassididarum* (Monographie).

Stockholm. T. I 1850 p. 452 pl. 1–4; II 1854 p. 506 pl. 5–6; III 1855 p. 543 pl. 7; IV 1862 Supplém. p. 504.

Bonvouloir (Vicomte Henri de) né 1839.

1 *Throscides* (Essai mon. sur la famille des).

Paris. 8° 1859 p. 144 pl. 4.

2 — (Description de plusieurs espèces nouvelles de).

Soc. ent. Fr. 1860 p. 351 pl. 8.

3 *Eucnemides* (Monogr. de la famille des).

Soc. ent. Fr. 1871–1875 p. 907 pl. 42. Supplém au T. X 4° sér.

Borre (Alfred Preudhomme de).

1 *Glaphyrus* par V. Harold (Trad. de la Mon. du genre).

Abeille T. VI 1869 p. 24.

2 *Omophlus* par Th. Kirsch (Trad. de la Synopsis du genre).

Abeille. T. VII 1870 p. 1–83.

3 *Geotrupes* de Belgique (Synopse des).

Soc. ent. Belg. 1874 et Abeille Nouv. 2'.

Brandt (Jean-Frédéric), né 1802.

1 *Meloïs* generis Monogr. avec Erichson.

Nov. Act. Acad. Léopold. 1832 T. XVI p. 101–142 pl. 1.

Brême (Mis F. de).

1 *Cossyphides* (Essai monogr. et iconogr. de la tribu des).

Paris. I 1842 p. 72 pl. 7 Col.; II 1846 p. 31 pl. 3 Col.

Prisout de Barneville (Charles).

1 *Tychius* de France (Méthode dichotom. appliquée aux).

Soc. ent. Fr. 1362 p. 765–780.

2 *Ceutorhynchus* nouveaux.

Abeille V 1866 p. 436–464.

3 *Meligethes* (Synopse du genre).

Abeille VIII 1871 p. 36.

4 *Agathidium* (Essai monogr. du genre).

Soc. ent. Fr. 1872 p. 169–198.

Brisout de Barneville (Henri),
né 1821.

1 *Gymnetron* (Mon. du genre).
Soc. ent. Fr. 18 2 p. 625-668.

2 *Bagous* (Mon. des esp. europ.
et algér. du genre).
Soc. ent. Fr. 1863 p. 491-524.

3 *Acalles* (Mon. des esp. eur. et
algér. du genre).
Soc. ent. Fr. 1864 p. 441-482.
Supplém. 1867 p. 57-64.

4 *Orchestes* (Mon. des esp. eur.
et algér. du genre).
Soc. ent. Fr. 1865 p. 253-296.

5 *Nanophyes* d'Europe et d'Algérie (Monographie du genre).
Abeille VI 1869 p. 48.

6 *Baridius* (Mon. des esp. europ.
et algér. du genre).
Soc. ent. Fr. 1870 p. 31-287.

Brûlerie (Charles Piochard de la),
né 1845, mort 1876.

1 *Ditomides* (Monographie des).
Abeille 1873 p. 100.

2 *Acinopus* (Rév. des esp. du g^{re}).
Soc. ent. Fr. 1873 p. 255-265.

Candèze (Dr E.).

1 *Elaterides* (Monographie des).
Soc. Sciences Liége XII 1857
p. 400 pl. 7 ; XIV 1859 p. 543
pl. 7 ; XV 1860 p. 512 pl. 5 ;
XVII 1863 p. 534 pl. 6.

— (Révision de la Monogr. des).
Soc. Sciences Liége 3e série IV
1874 p. 5 et 218.

Capiomont (Guillaume), né 1812,
mort 1871.

1 *Hyperides* (Rév. de la tribu des)
Soc. ent. Fr. 1867 p. 415 ; 1868
p. 73 pl. 2.

2 *Larinus* et *Lixus* (Mon. des).
Soc. ent. Fr. 1873 p. 273 ; 1874 p.
49 283, 451, 481 ; 1875 p. 40.

Castelnau (Fr. Laporte Cte de).

1 *Diaperis* (Mon. du genre), avec
Aug. Brullé.
An. Sc. nat. 1831 p. 90 pl. 10.

2 *Buprestides* (Histoire natur. et
iconographie des), avec H. Gory.
Paris. 8° I 1837 — IV 1841.

3 *Clytus* (Monog. du genre), avec
H. Gory.
Paris. 8° 1835.

Chaudoir (Bon Maximilien de).

1 *Platyderus* (Monog. du genre).
Soc. ent. Fr. 1866 p. 105-115.

2 *Feronia* (Mém. sur le genre).
Abeille V 1868 p. 219-260.

3 *Pœcilus* (Monogr. du genre).
Abeille 1875 p. 54.

4 *Pogonides* (Essai mon. sur le
groupe des).
Soc. ent. Belg. 1871.

5 *Cymindis* (Essai mon. sur le
genre).
Berl. ent. Zeits. XVII 1873 p.
53-120.

Chevrolat (Auguste), né 1799.

1 *Cléonides* (Mémoire sur les).
Société Sciences Liége 2e série V
1873 p. 8 et 113.

2 *Cebrionides* (Révision des).
Soc. ent. Fr. 1874 p. 9, 363, 507.

Dejean (Cte Pierre-F.-M.-A.),
né 1780, mort 1845.

1 *Carabiques* d'Europe (Iconogr.
et Hist. nat. des).
Paris. 8° I 1832 — IV 1837 pl.
col. 223.

2 — (Spéciès général des).
Paris. 8° I 1825 — V 1831.

Denny (Henri).

1 *Pselaphidarum et Scydmœni-
darum* Britanniæ.
Norwich. 8° 1825 p. 74 pl. col. 14.

Desbrochers-des-Loges (Jules)

1 *Balaninidæ* et *Anthonomidæ* d'Europe et des confins médit. (Monographie des).
> Soc. ent. Fr. 1868 p. 331, 411; Supplément 1872 p. 413.

2 *Rhinomacerides* d'Europe et des pays limitrophes (Mon. des).
> Abeille V 1868 p. 317-428.

3 *Magdalinus* d'Europe et des pays circuméditer. (Mon. des).
> Abeille VI 1869 p. 64.

4 *Phyllobides* d'Europe et des confins de la Méditerranée en Afrique et en Asie (Mon. des).
> Abeille XI 1873 p. 659-748.

5 *Tychiides* nouveaux (Descript. de quelques).
> Soc. ent. Belg. XVI 1873 p. 97-126.

Deyrolle (Achille), né 1813, mort 1865.

1 *Zophosites* (Mon. de la tribu des)
> Soc. ent. Fr. 1867 p. 73-248 pl. 4.

Duval (Camille-Jacquelin), né 1828, mort 1862.

1 *Bembidiis* europæis (de).
> Soc. ent. Fr. 1851 p. 441; 1852 p. 101 pl. 2.

2 *Lampyris* (Synopsis des espèces européennes du genre).
> Glanures ent. 1859 p. 5; Supplément 1860 p. 97.

3 *Clambites* d'Europe (Note monographique sur les).
> Glanures ent. 1859 p. 23.

4 *Henicopus* (Essai monograph. sur le genre).
> Glanures ent. 1860 p. 61.

5 *Cebrio* (Synopsis des esp. ur. du genre.●
> Glanures ent. 1860 p. 104.

Eichhoff (W.)

1 *Xylophages* européens (Anten. et parties de la bouche des).
> Berl. ent. Zeits. VIII 1864 p. 17-46.

Emery (Dr Charles).

1 *Mordellides* (Monographie des).
> Abeille XIV 1876 p. 128.

Erichson (Dr Wilhem Ferdinand) né 1809, mort 1849.

1 *Entomographien* (*Malachides, Pachypodes...*)
> Berlin 8° 1840 p. 180 pl. 2.

2 *Staphylinorum* (Genera et Species).
> Berl. 8° 1840 p. 950 pl. 5.

3 *Coléoptères* d'Allemagne (*Clavicornes, Lamellicornes*).
> Berlin. 8° 1848 p. 968.

Fairmaire (Léon), né 1820.

1 *Cyrtonus* (Mon. du genre).
> Soc. ent. Fr. 1850 p. 535.

2 *Cryptocephales* d'Europe, par Suffrian (Trad. de la Révision des espèces de).
> Soc. ent. Fr. 1848 p. 285; 1849 p. 143; 1850 p. 271.

3 *Chrysomeles* d'Europe, par Suffrian (Traduction des).
> Soc. ent. Fr. 1853 p. 91; 1854 312; 1858 p. 531; 1865 p. 37.

4 *Dichotrachelus, Pachnephorus* et *Dia* (Description des).
> Soc. ent. Fr. 1861 p. 584.

5 *Timarcha* (Révision du genre), avec E. Allard.
> Soc. ent. Fr. 1873 p. 143.

Fauvel (Charles-Adolphe-Albert), né 1840.

1 *Staphylinides* de France.
> Faune gallo-rhénane III 1872 p. 390.

Foudras (Ant.-Casimir-M.-Eug.)
né 1781, mort 1857.

1 *Altisides* de France.
 Lyon. 8° 1860 p. 384.

Gerstæcker (Dr A.).

1 *Rhipiphoridum* Coleopt. familiæ dispositio methodica.
 Berlin. 4° 1855 p. 3 pl. 1.

2 *Endomychidæ* (Mon. des).
 Leipzig. 8° 1858 p. 433 pl. 3.

Gillmeister (Dr C.-J.-F.).

1 *Trichopterygiens* (Descript. et Figures des).
 Francfort-sr-M. 12° 1845 p. 96 pl. 9.

Guérin-Méneville (Edouard),
né 1799, mort 1874.

1 *Scirtes*, *Eucinetus*, *Elodes* (Mon. des genres).
 Spéciès des Animaux artic. 1843-1849.

Haag-Rutenberg (Dr Georges).

1 *Imatismus* (Essai sur les Ténébrionites : genre).
 Har. Col. Hefte VI 1870 p. 84; VII 1871 p. 21.

2 *Molurides* (Rév. de la fam. des).
 Har. Col. Hefte VII 1871 p. 24; VIII p. 27 ; XI 1873 p. 1.

3 *Eurychorides* (Mon. des).
 Berl. ent. Zeits. 1875 p. 70.

Harold (Bon E. von).

1 *Glaphyrus* (Espèces du genre).
 Berl. ent. Zeits. XIII 1869 p. 425-445.

2 *Trox* (Mon. du genre).
 Har. Col. Hefte IX 1872 p. 1-192.

Heyden (Lucas von).

1 *Hymenoplia* d'Europe (Rév. des)
 Berl. ent. Zeits. 1870 Beiheft p. 177-183.

Jekel (Henri).

1 *Geotrupes* (Essai sur la Classification naturelle des).
 Soc. ent. Fr. 1865 p. 513-618.

Joannis (Daniel-Marie-Léon de)
né 1802, mort 1868.

1 *Galerucides* (Mon. des).
 Abeille III 1866 p. 1-168.

Kiesenwetter (Helmuth von).

1 *Heterocerus* (Essai mon. du gre)
 Germ. Zeits. ent. IV 1843 p. 194-224 pl. 1.

2 *Hydræna* (Rév. mon. du genre).
 Lin. ent. IV 1849 p. 156. Sup. 425

3 *Malthinides* d'Europe (Essai monogr. des).
 Lin. ent. VII 1852 p. 239-324 pl. 2 ; — et Berl. ent. Zeits VII 1863 pl. 428 pl. 1.

4 *Malthodes* (Rév. des esp. eur. du genre).
 Berl. ent. Zeits. XVI 1872 p. 369 pl. 4, 5; XVIII 1874 p. 45.

5 *Buprestides* d'Allemagne (Hist. naturelle des).
 Nat. Deuts. Ins. IV 1857 p. 1-172.

6 *Eucnemides* et *Elaterides* d'Allemagne (Hist. nat. des).
 Nat. Deuts. Ins. IV 1858 p. 173-384.

7 *Malacodermes* d'Allem. (Hist. nat. des).
 Nat. Deuts. Ins. IV 1860 p. 385-568.

8 *Melyrides* et *Clerites* d'Allemagne (Hist. nat. des).
 Nat. Deuts. Ins. IV 1863 p. 567-745.

9 *Isomira* (Matér. pour servir à la connaissance du sous-genre).
 Berl. ent. Zeits. VII 1863 p. 423-427 pl. 1.

10 *Anthodytes* (Esp. du ss-gre).
 Berl. ent. Zeits. VIII 1864 p. 305-312.

2 *Telephorides* (Monogr. des).
  Abeille I 1864 p. 1–108.

3 *Buprestides* d'Europe, du N. de l'Afrique et de l'Asie (Mon. des).
  Abeille II 1865 p. 540.

4 *Endomychides* d'Europe et contrées limitrophes (Mon. des).
  Abeille V 1868 p. 51–138.

5 *Attelabides, Bradybatus, Hypoglyptus* et *Iphthimus*.
  Abeille V 1868 p. 262–296.

6 *Mylabres* de l'Ancien - Monde (Monographie des).
  Abeille VII 1870 p. 204.

7 *Otiorhynchides* de l'Ancien-Monde (Monographie des).
  Abeille X et XI 1873 p. 816.

8 *Cryptocephales* de l'Ancien-Monde (Monographie des).
  Abeille XIII 1874 p. 326.

9 *Répertoire* des Coléoptères décrits depuis 1863.
  Abeille VIII 1871 p. 420 ; IX 1872 p. 448 et XII 1875 p. 456.

10 *Cassides* de France (Tableau synoptique des).
  Feuille du Jeune Naturaliste 1874 p. 16.

Matthews (Rev. A.).

1 *Trichopterygia* (Monogr. des).
  Londres. 4° 1872 p. 13 et 189 p. 30.

Mellié (J.), mort 1850.

1 *Cis* (Monog. de l'ancien genre).
  Soc. ent. Fr. 1848 p. 205–396 pl. 9–12.

Motschulsky (Victor de), mort 1871.

1 *Malthinides* et *Lampyrides* (Etudes sur les).
  Etudes ent. I 1852 ; III 1854.

2 *Latridiens*.
  Bul. Nat. Mosc. 1866 p. 225 ; 1867 p. 39, pl. .

Mulsant (Etienne), né 1797.

1 *Sécuripalpes* (Spéciès des Coléoptères trimères).
  Soc. agricult. Lyon. 8° 1850–1851 p. 1104.

2 — (Suppl. à la Monog. des Col. trimères).
  Opusc. ent. III 1853 p. 205.

3 *Coccinellides* (Monogr. des).
  Lyon. 8° 1866.

Coléoptères de France. 8°. Tribu des :

4 *Longicornes* 1839 p. 304 pl. 3 et 2e éd. 1862–1863 p. 590.

5 *Lamellicornes* 1842 p. 623 pl. 3 ; 2e éd. Soc. agric. Lyon 1869. p. 241 ; 1850 p. 159.

6 *Palpicornes* 1844 p. 196 pl. 1.

7 *Sulcicolles* (Endomychides) 1846 p. 26.

8 *Securipalpes* (Coccinellides) 1846 p. 280 pl. 1.

9 *Latigènes* (Ténébrionides) 1854 p. 396.

10 *Pectinipèdes* (Cistélides) 1856 p. 96.

11 *Barbipalpes* (Serropalpides) 1856 p. 115 pl. 1.

12 *Longipèdes* (Mordellides) 1856 p. 172 pl. 1.

13 *Latipennes* (Lagries) 1856 p. 45

14 *Vésicants* 1857 p. 201 pl. 1.

15 *Angustipennes* (Œedemères) 1858 p. 172.

16 *Rostrifères* (Salpingides) 1859 p. 56.

17 *Mollipennes* (Malacodermes) 1862 p. 440 pl. 3.

18 *Angusticolles* (Térédiles) 1863–1864 p. 134 pl. 2.

19 *Diversipalpes* (Hylecœtides) 1863–1864 p. 24.

20 *Térédiles* (Anobiens) 1864 p. 394 pl. 10.

21 *Fossipèdes* (Cébrions) 1865 p. 18 pl. 1.

22 *Brevicolles* (Cyphonides) 1865 p. 124 pl. 4.

23 *Colligères* et *Simplicitarses* (Anthicites) 1866 p. 188 pl. 3.

24 *Scuticolles* (Dermestides) 1867 p. 182 pl. 3.

25 *Vésiculifères* (Malachides) 1867 p. 308 pl. 7.

26 *Floricoles* (Dasytides) 1868 p. 315 pl. 19.

27 *Gibbicolles* (Ptinides) 1868 p. 224 pl. 14.

28 *Piluliformes* (Byrrhides) 1869 p. 175 pl. 2.

29 *Parvilabres* (Essai d'une division des derniers Mélasomes).
 Pedinites 4e opusc. 1853 p. 238 pl. 4.
 Pandarites 5o op. 1854 p. 255.
 Opatrites 10e op. 1859 p. 1-160

30 *Cistelides* 7e op. 1856 p. 17-59

31 *Cantharidiens* (Coup-d'œil sur la famille des) 8e op. 1858 p. 45-149.

Murray (Andrew).

1 *Catops* (Mon. du genre).
 Ann. Mag. Nat. Hist. 1856 p. 90

2 *Nitidulariæ* (Monographie de la famille des).
 Lin. Soc. Lond. XXIV 1864 p. 211-414 pl. 5.

Pandellé (Louis).

1 *Trechus* d'Europe (Essai mon. sur le genre).
 Grenier, Mat. Faune Fr. 1867 p. 132-162.

2 *Tachyporini* (Essai mon. sur les Staphyl. europ. de la tribu des).
 Soc. ent. Fr. 1869 p. 261-366.

Peyron (Edmond).

1 *Thorictus* (Note mon. sur le gre)
 Soc. ent. Fr. 1857 p. 697-723.

2 *Malachides* (Monographie des).
 Abeille XV 1877.

Putzeys (Jules), né 1809.

1 *Clivines* et genres voisins (Monographie des).
 Soc. Sc. Liége II 1866 p. 520-663. — *Révision générale* Soc. ent. Belge X 1867 p. 1-242.

2 *Amaroïdes* (Remarques sur les).
 Soc. Sc. Liége 1866 — Abeille XI 1870 p. 100.

3 *Broscides.*
 Stet. ent. Zeits. 1868 p. 305-379.

4 *Trechus* oculés (Monogr. des).
 Stet. ent. Zeits. 1869 et 1870 p. 200 pl. 1.

5 *Calathides* (Monographie des).
 Soc. ent. Belge XVII 1873 p. 19-95.

Rambur (Pierre-Jules), né 1801, mort 1870.

1 *Elaphocera* (Mon. du genre).
 Soc. ent. Fr. 1843 p. 329-358 pl. 1.

Reitter (Edmond).

1 *Meligethes* (Révis. des espèces européennes de).
 Soc. Natur. Brünn IX 1871 p. 131 pl. 5. Supplém. Berl. ent. Zeits. XVI 1872 p. 125, 265.

2 *Nitidulaires* (Distr. syst. des).
 Soc. Nat. Brünn. XII 1874 p. 194.

3 *Cybocephalus* (Diagnoses des espèces connues de).
 Soc. Nat. Brünn XII 1874 p. 15.

4 *Lathridides* d'Europe (Révis.).
 Soc. Stett. 1875 p. 297.

Rottenberg (Bon A. von).

1 *Laccobius* (Révis. des espèces d'Europe de).
 Berl. ent. Zeits. 1874 p. 305-324.

Saulcy (Félicien Caignart de), né 1831.

1 *Paussides, Clavigerides, Psélaphides* et *Scydménides* de l'Europe et des pays circonvoisins (Spéciès des).
 Soc. Hist. Nat. Moselle XIII 1864 p. 132.

Schaufuss (Dr L.-W.).

1 *Sphodrini* (Monogr. des).
Isis de Dresde 1865 p. 128 pl. ph.

Schaum (Dr Herman-Rudolph), né 1819, mort 1865.

1 *Scydmènes* (Mon. de la tribu des)
Halle 8° 1841 p. 31. — Supplém.
Germ. Zeits. V 1845 p. 459-472.
2 *Carabiques* d'Allemagne (Hist. naturelle des).
Nat. Deuts. Ins. I 1860 p. 791.
3 *Zabroïdes* (Révision des).
Berl. ent. Zeits. 1874 p. 171. —
Abeille XIII 1875 p. 29.

Schmidt (Dr Wilhem), né 1804, mort 1843.

1 *Œdemerides* d'Europe (Révision des).
Lin. ent. I 1846 p. 1-146.

Schœnherr (Carl-Johann), né 1772, mort 1848.

1 *Curculionides* (Synonymie et Descriptions par Gylhenhall, Boheman, etc., des espèces de),
Paris. 8° I 1833; VIII 1844;
— Mantissa 2ᶜ 1847 p. 1-186.

Seidlitz (Georges).

1 *Peritelus* (Mon. du genre).
Berl. Ent. Zeits. 1865 p. 271-355 pl. 4.
2 *Otiorhynchides sensu stricto* rangés méthodiquement d'après leur forme.
Berl. ent. Zeits. 1868. Beiheft. p. 153.
3 *Strophosomus* (Révision des espèces d'Europe du genre).
Berl. ent. Zeits. 1870 p. 379-387.

Sharp (Dr David).

1 *Homalota* (Révision des espèces anglaises du genre).
Soc. ent. Lond. 1869 p. 91-272.

Solier (Antoine-Joseph-Jean), né 1791, mort 1851.

1 *Collaptérides* (Essai d'une Monographie de la famille des).
Soc. ent. Fr. 1834-1838.
2 *Erodites* 1834 p. 479-630 pl. 1-4
3 *Tentyrides* 1835 p. 249-419 pl. 5-9.
4 *Macropodites* (Adesmides) 1835 p. 509-574 pl. 14 et 15.
5 *Pimélides* 1836 p. 1-200 pl. 1-4
6 *Asidites* 1836 p. 403-512 pL. 11-13.
7 *Akisides* 1836 p. 635-684 pl. 23 et 24.
8 *Adélostomides* 1837 p. 151-172 pl. 7.
9 *Tagénites* (Sténosides) 1838 p. 1-73 pl. 2, 3.
10 *Scaurites* 1838 p. 159-199 pl. 7, 8.
11 *Molurites* Ac. Turin 1844 p. 213-339 pl. 4.
12 *Blapsites* Stud. ent. II 1848 p. 149-376 pl. 4-15.

Spinola (Mⁱˢ Maximilien de), né 1780, mort 1857.

1 *Clérites* (Essai monog. sur les).
Gênes. 8° 2 vol. 1844 pl. col. 47.

Steffahny (Gustave-Emile).

1 *Byrrhus* (Essai mon. du genre).
Germ. Zeits. ent. IV 1843 p. 1-40.

Stierlin (Dr Georges).

1 *Otiorhynchus* (Révision des espèces européennes d').
Berl. ent. Zeits. 1861. Beiheft p. 344.

Suffrian (E.), mort 1876.

1 *Cryptocephales* d'Europe, d'Asie et d'Afrique (Révision des espèces de).

> Lin. ent. II 1847 p. 1; III 1848 p. 1; (Révision) VIII 1853 p. 88; IX 1854 p. 1; XI 1857 p. 1; XIV 1860 p. 1.

2 *Chrysomèles* d'Europe.

> Lin. ent. V 1851 p. 1-281.

Tournier (Henri).

1 *Colon* d'Europe (Traduct. de la Monographie des), par Kraatz.

> Soc. ent. Fr. 1863 p. 133-158 pl. 4-6.

2 *Dascillides* du Léman (Description des).

> Bâle. 8° 1868 p. 96 pl. 4.

3 *Tychiides* (Obs. sur les espèces europ. et circumméditer. de la tribu des).

> Soc. ent. Fr. 1873 p. 448-522.

4 *Erirhinides* (Matér. pour servir à la Mon. des).

> Soc. ent. Belg. XVII 1874 p. 63-116.

Truqui (Eugène), mort 1860.

1 *Amphicoma* et *Eulasia* (Mon. des genres).

> Studi ent. I 1848 p. 1-48 pl. col. 3.

2 *Anthicini* insulæ Cypri et Syriæ.

> Ac. Sc. Turin 1855 p. 339-372 pl. 1.

Wencker (Joseph-Antoine), né 1824, mort 1873.

1 *Apionides* (Monographie des).

> Abeille I 1864 p. 109-270.

b) Par ordre de Matières.

I. CARABIDES.

— Dejean, 1, 2; — Schaum, 2.

1 Cicindelidæ.

2 Elaphridæ.

3 Carabidæ.

4 Dryptidæ.

5 Brachinidæ.

6 Dromidæ — Chaudoir, *Cymindis*, 5.

7 Siagonidæ.

8 Ditomidæ — Brûlerie, 1.

9 Scaritidæ — Putzeys, *Clivinides*, 1.

10 Stomidæ — Putzeys, *Broscides*, 3.

11 Chlænidæ.

12 Harpalidæ — Brûlerie, *Acinopus*, 2.

13 Feronidæ — Chaudoir, *Platyderus*, 1; *Pœcilus*, 2; *Feronia*, 3.—Schaum, *Zabroïdes*, 3. — Putzeys, *Amaroïdes*, 3; *Calathides*, 5. — Schaufuss, *Sphodrini*, 1.

14 Pogonidæ — Chaudoir, 4.

15 Trechidæ — Putzeys, *Trechus oculés*, 4. — Pandellé, id., 1. — Abeille de Perrin, *Anophthalmus*, 1. — Duval, *Bembidium* 1.

II. HYDROCANTHARES.

— Aubé, 3, 4.—Kiesenwetter, 12.

1 Dytiscidæ.

2 Gyrinidæ.

III. PALPICORNES.

— Mulsant, 6.

1 Hydrophilidæ. — Rottenberg, *Laccobius*, 1. — Kiesenwetter, *Hydræna*, 2.

2 Sphærididæ.

IV. Brachelytres (Staphylins).

— Erichson, 2; — Kraatz, 3; Fauvel, 1.

1 Aleocharidæ — Sharp, *Homalota*, 1.
2 Tachyporidæ — Pandellé, 2.
3 Staphylinidæ.
4 Pæderidæ.
5 Pinophilidæ.
6 Stenidæ.
7 Oxytelidæ.
8 Omalidæ.
9 Proteinidæ.
10 Phlœocharidæ.
11 Piestidæ.
12 Micropeplidæ.

V. Pselaphides.

— Aubé, 1, 2; — Denny, 1; — Saulcy, 1.

VI. Scydmænides.

— Denny, 1. — Schaum, 1. — Sturm, Fn T. XIII, XIV.

VII. Paussides.

VIII. Clavicornes.

— Erichson, 3; — Sturm, Fn. T. XIV, XXIII.

1 Leptoderidæ.
2 Silphidæ — Murray, *Catops*, 1. Kraatz, *Catops*, 2; *Colon*, 1.
3 Anisotomidæ — Brisout (Ch.), *Agathidium*, 4.
4 Clambidæ — Duval, 3.
5 Corylophidæ.
6 Sphærididæ.
7 Trichopteridæ — Gillmeister, 1. — Matthews, 1.
8 Histeridæ — Marseul, 1.
9 Phalacridæ.

10 Nitidulidæ — Murray, 2. — Reitter, 1, 2. — Brisout (Ch.), *Meligethes*, 3.
11 Trogositidæ.
12 Colydidæ.
13 Rhysodidæ.
14 Cucujidæ.
15 Cryptophagidæ.
16 Lathrididæ — Motschulsky, 2. — Reitter, 4. — Mannerheim, *Corticaria* et *Lathridius*, 1. — Aubé, *Monotona*, 5. — *Calyptobium*, 6.
17 Mycetophagidæ.
18 Thorictidæ — Peyron, 1.
19 Dermestidæ — Mulsant, 24.
20 Byrrhidæ — Steffahny, 1. — Mulsant, 28.
21 Georyssidæ.
22 Parnidæ.
23 Heteroceridæ — Kiesenwetter, 1.

IX. Pectinicornes.

X. Lamellicornes.

— Erichson, 3; — Mulsant, 5; — Burmeister, Man. T. III et IV.

1 Copridæ — Lansberge, *Onitides*, 1.
2 Aphodidæ.
3 Hybalidæ — Lucas, 1.
4 Hybosoridæ.
5 Geotrupidæ — Jekel, 1. — Borre, 3.
6 Trogidæ — Harold, 2.
7 Glaphyridæ — Truqui, *Amphicoma*, etc., 1. — Harold, *Glaphyrus*, 1.
8 Melolonthidæ — Heyden, *Hymenoplia*, 1. — Rambur, *Elephocera*, 1. — Erichson, *Pachypodes*, 1.
9 Anomalidæ.
10 Oryctidæ.
11 Cetonidæ.

27 Anthicidæ — Laferté, 1. — Mulsant, 23. — Truqui, 2.

28 Mordellidæ — Mulsant, 12. — Emery, 1.

29 Rhypiphoridæ—Gerstæcker, 1.

XV. VESICANTES.

— Mulsant, 14.

1 Meloïdæ — Brandt, 1.

2 Mylabridæ — Marseul, 6.

3 Cantharidæ — Mulsant, 31.

4 Œdemeridæ — Schmidt, 1. — Mulsant, 15.

XVI. CURCULIONIDES.

— Schœnherr, 1.

1 Brachyderidæ — Seidlitz, *Strophosomus*, 3. — Allard, *Sitones*, 1.

2 Otiorhynchidæ — Marseul, 7. Stierlin, *Otiorhynchus*, 1. — Seidlitz, 2, *Peritelus*, 1. — Desbrochers, *Phyllobius*, 4.

3 Tropiphoridæ.

4 Brachyceridæ — Bedel, 2.

5 Minyopidæ — Allard, *Byrsopides*, 5.

6 Styphlidæ — Fairmaire, *Dichotrachelus*, 4.

7 Molytidæ.

8 Myorhinidæ.

9 Scythropidæ.

10 Hyperidæ — Capiomont, 1.

11 Cleonidæ — Chevrolat, *Cleonus*, 1. — Capiomont, *Larinus* et *Lixus*, 2.

12 Hylobidæ.

13 Erirhinidæ — Tournier, 4. — Brisout (H.), *Bagous*, 2.

14 Apionidæ — Wencker, 1.

15 Attelabidæ — Marseul, 5.

16 Rhinomaceridæ — Desbrochers, 2.

17 Magdalinidæ — Desbrochers, 3.

18 Balaninidæ — Desbrochers, 1.

19 Anthonomidæ—Desbrochers, 1. — Marseul, *Bradybatus*, 5. — Brisout (H.), *Orchestes*, 4.

20 Coryssomeridæ.

21 Sibynidæ — Brisout (Ch.), *Tychius*, 1. — Tournier, 3. — Desbrochers, 5.

22 Cionidæ — Brisout (H.), *Nanophyes*, 5.

23 Gymnetridæ — Brisout (H.), 1.

24 Derelomidæ.

25 Alcididæ.

26 Cryptorhynchidæ — Brisout (H.), *Acalles*, 3.

27 Rhamphidæ.

28 Ceutorhynchidæ — Brisout (Ch.), 2.

29 Barididæ — Brisout (H.), 6.

30 Calandridæ — Allard, *Sphenophorus*, 6.

31 Cossonidæ.

32 Scolytidæ — Eichhoff, 1.

33 Brenthidæ.

34 Anthribidæ.

35 Bruchidæ — Allard, 3.

XVI. LONGICORNES.

— Mulsant, 4.

1 Spondylidæ.

2 Cerambicidæ.

3 Callididæ.

4 Clytidæ — Castelnau, 3.

5 Molorchidæ.

6 Lamidæ — Küster, *Dorcadion*, IV, V, VI, VIII, X, XV, XXV, XXIX.

7 Saperdidæ.

8 Lepturidæ.

OBSERVATION.

Ce tableau bibliographique des coléoptères, destiné à guider les entomologues dans le choix des ouvrages qui doivent composer leur bibliothèque, et à simplifier les citations dans le *Catalogue synonymique des Coléoptères de l'Ancien-Monde*, en les rendant à la fois plus claires et plus précises, ce qui permettra d'améliorer l'exécution typographique, n'a pas besoin de longues explications pour être compris. Aussi nous bornerons-nous à quelques mots sur son emploi.

Il se divise en deux parties : la première, consacrée aux Annales des sociétés entomologiques, aux Revues particulières et aux Faunes des divers pays, indique le titre, la date de leur publication, le nombre des volumes parus, etc.

La deuxième comprend les travaux monographiques ou fauniques et par ordre alphabétique des noms d'auteurs, et par ordre de matières.

Dans la première série, les ouvrages sont placés par rang de dates et numérotés, avec le titre exact, le sujet qu'ils traitent, le nombre de pages, s'ils sont édités séparément, et, si ce sont des extraits, la Revue, le volume et la page où on les trouve. Dans la deuxième, ils sont répartis méthodiquement dans l'une des 20 familles ou des 80 tribus des coléoptères de l'Ancien-Monde. Un nom d'auteur venant après un nom de famille ou de tribu, signifie que cet auteur a fait la monographie ou la faune de cette famille ou de cette tribu; le nom de genre ou de groupe en italique dont il est quelquefois accompagné, indique que l'auteur s'est restreint à cette partie de la tribu. Le chiffre renvoie au numéro de l'ouvrage dans la série précédente.

Veut-on, par exemple, étudier la tribu des *Otiorhynchides?* On pourra consulter d'abord Schœnherr, 1 (Synonymie des *Curculionides*, etc.), qui a traité de l'ensemble de la famille; ensuite Marseul, 7 (Monographie des *Otiorhynchides*); Stierlin, *Otiorhynchus*, 1 (Révision des espèces européennes du genre *Otiorhynchus*); Seidlitz, 2 (*Otiorynchides sensu stricto*), 1 (*Peritelus*, Monographie du genre); enfin Desbrochers, *Phyllobius*, 4 (Monographie des *Phyllobides* d'Europe, etc.).

INDEX

DES

COLÉOPTÈRES DE L'ANCIEN-MONDE

DÉCRITS DEPUIS 1863

15 CYCHRUS F.

14 spinicollis Dufr.   E.
    v. *Dufouri* Chd. Rép. 14   Pyr.
15 cylindricollis Pini   I.
16 angulicollis Sella   I.
17 anatolicus Mots. Ab. iv 265   Nat.

DRYPTIDÆ.

17. CASNONIA Latr.

1 Oliverii Buq. Rép. 14   Alg.

BRACHINIDÆ.

23. BRACHINUS Web.

42 elongatus Tourn. Ab. vi 364   I.
43 Lethierryi Reiche   Alg.

25. MASTAX Fisch.

3 Parreyssi Chaud. Rép. 15   Alg.

DROMIDÆ.

26. CYMINDIS Latr.

31 Marmoræ Gené   Sard.
    v. *designata* Reiche Rép. 16 Corse
38 singularis Rosh.   Es.
    monticola-Chevl. Rép. 16   E.
54 compostellana-Reiche Rép. 18 E.
59 Chaudoiri Fairm.   Sic.
60 africana Chaud.   Tang.
61 distinguenda Chaud.   G?
62 intermedia Chaud.   Cauc.
63 limbatella Chaud.   Pyre.
64 Aubei-Tourn. Ab. v 141   Jura.
65 ruficeps Chaud.   E.
66 violacea Chaud.   R.
67 viridipennis Mots. Ab. iv 225 Cauc.
68 velata Woll. Rép. 17   Gom.
69 amicta Woll. Rép. 17   Can. Gom.
70 Leachi Reiche   Is.
71 Ehlersi Putz.   E.
72 Baudueri Per. Ab. vii 3   Fs.
73 zargoides-Woll. Rép. 19   Tén.
74 plicipennis Chaud.   E.
75 minima Vuillf. Rép. 19   E.
76 reflexuimargo Chaud.   E.

30. SINGILIS Ramb.

6 dimidiata Mots. Ab. iv 221   Nat.

35. DROMIUS Bon.

23 strigifrons Woll. Rép. 20   Gom.
24 amœnus Woll. Rép. 20   Ten.
25 oceanicus Woll. Rép. 21   Désert.
26 insularis Woll. Rép. 21   Mad.
27 plagipenuis Woll Rép.22 Tén. Hier.
28 ater Mots. Ab. iv 219   Sibe.
29 incertus Woll. Rép. 23   Lanz.
30 elliptipennis -Woll. Rép. 23
                      Tén. Gom. Hier.
31 pervenustus -Woll. Rép. 24
                      Ten. Gom. Palm.
32 umbratus Woll. Rép. 24   Mad.
33 vagepictus Fairm.   Tunis.

37. METABLETUS Schmt.

13 obliquesignatus Solsky   Rs.
14 nitidulus-La Br. Rép. 24   E.
15 inæqualis -Woll. Rép. 25   Can.
16 lancerotensis Woll. Rép. 26 Lanz.
17 brevipennis Woll. Rép. 26   Tén.
18 Myrmidon Fairm.   Fs.
    Ramburi-La Brul. Rép. 22   E.
19 parallelus Ball.   Sib.

38. LIONYCHUS Wism.

6 versicolor Mots. Ab. iv 220   Egyp.

39. APRISTUS Chaud.

4 major Mill. Ab. vii 138   A.

41a. DYCTIA Chaud.

1 cribricollis Morav.   Sib.

42. LEBIA Latr.

21 subovata Mots. Ab. iv 218   Sib.
22 crassicornis Mots. Ab. iv 217 Fs.
23 halomera Chaud.   Eurs.
24 nilotica Chaud.   Egyp.

45. MASOREUS Dej.

6 rutilus Schm. Ab. vi 391   Egyp.
8 arenicola-Woll.Rép.27 Lanz.Fuer.
9 alticola Woll. Rép. 28   Tén.
10 nobilis Woll. Rép. 26   Fuert.
11 striatus Mots. Ab. iv 221   Egyp.

45a. AMPHIMASOREUS La Brul.

1 amaroïdes La Brul.   Liban.

DITOMIDÆ.

48. ARISTUS Latr.

11 semicylindricus La Brûl.   Sib.
12 Moloch La Br.   Syr.
13 subopacus Woll. Rép. 28   Fuert.

50ᵃ. ERIOTOMUS La Br.

1 villosulus Reiche   Alg.
   rubens Fairm.   E.
2 palestinus La Br.   Palest.

53. PENTHUS Chaud.

2 Peyroni La Br.   Liban.

SCARITIDÆ.

55. GRAPHIPTERUS Latr.

7 exclamationis-F.   Alg.
   v. *Rolphi* Fairm. Rép. 29 Maroc.
10 Kindermanni Chaud.   Egyp.

57. SCARITES F.

22 Chaudoiri Ball.   Turcm.

59. CLIVINA Latr.

9 ovipennis Chaud.   Casp.
   v. *infuscata* Chaud.   Cauc.
10 transcaucasica Putz.   Cauc.
11 euphratica Putz.   Syr.
12 goniostoma Putz.   Egyp.
13 erythropyga Putz.   Egyp.
14 sacra-Putz.   Sard.

60. REICHEIA Putz.

2 subterranea-Putz. Ab. vi 146   Bône.
3 Raymondi-Putz Ab. vi 146   Sard.
4 microphthalmus Heyd.   Port.
5 Usslaubi Saulcy   I.
6 palustris-Saulcy   Corse.

61. DYSCHIRIUS Bon.

51 melancholicus Putz.   Sib.
52 armatus Woll. Rép. 29   Lanz.
53 Schaumi Putz.   Egyp.
54 ovipennis Putz.   F.
55 caspius Putz.   Casp.
56 longicollis Fairm.   Maroc.
57 subæneus Woll. Rép. 30   Can.
58 pauxillus Woll. Rép. 30   Tén.

59 recurvus Putz.   Rˢ.
60 exaratus-Putz.   Egyp.
61 latipennis Seidl.   Transylv.

CHLÆNIDÆ.

65. CHLÆNIUS Bon.

65 cicatricosus Mots. Ab. iv 236 Perse
66 armeniacus Mots. Ab. iv 236 Cauc.
67 Pharaonis Mots. Ab. iv 237 Egyp.
68 turcmenicus Mots. Ab. iv 237 Turcm
69 limbellus Mots. Ab. iv 235   Egyp.
70 confinis Mots. Ab. iv 234   Perse.
71 tenuelimbatus Ball.   Turcm.
72 pallidicornis Ball.   Turcm.
73 cordicollis Mots. Ab. iv 233 Armén.

66. ATRANUS Le C.

2 virescens Mots. Ab. iv 233   Syr.

68ᵃ. EURYGNATUS Woll.

1 Latreillei Cast.   Mad.
   v. *parallelus* Chaud. Rép. 30

71. BADISTER Clairv.

8 brevicollis Reiche   Syr.
9 ponticus Mots. Ab. iv 232   Nat.
10 pulchellus Schm.   Palest.
11 piceus Ball.   Turcm.

STOMIDÆ.

72. BROSCUS Panz.

7 asiaticus Ball.   Turcm.
8 limbatus Ball.   Turcm.
9 crenicollis Schauf.   Majorq.
   insularis La Br.

HARPALIDÆ.

78. ACINOPUS Dej.

20 Mniszechi La Brul.   Alg.
21 pilipes La Brul.   Majorq.

78ᵃ CRATOGNATHUS Dej.

1 solitarius-Woll. Rép. 31 Lanz. Fuert.
2 fortunatus Woll. Rép. 32   Can.
3 micans-Woll. Rép. 32   Gom.
   v. *Sanctæ-crucis* Woll.   Tén.
4 empiricus Woll. Rép. 33   Gom.
5 æmulus-Woll. Rép. 33   Tén.

79. ANISODACTYLUS Dej.

10 propinquus Ball.   Turcm.

82. DICHIROTRICHUS Duv.

1 obsoletus-Dej.   Méd.
  cordicollis-Fairm. Rép. 39 Alg.
11 levistriatus Woll. Rép. 34   Can.
12 præustus Dieck.   E.
13 barbarus Leder.   Oran.

83. BRADYCELLUS Er.

11 ventricosus-Woll. Rép. 34 Tén.

84. HARPALUS Dej.

Ophonus Steph.

13 Rayei Lind. Rép. 35   Hong.
16 femoralis Coq.   Oran.
   carteroides Fairm.Rép.35 Bône.
   Olcesi Fairm.   Alg.
103 fuscipalpis-Sturm.   A.
   castilianus Vuillf. Rép. 37 E.
114 consentaneus-Dej.   Eur. Alg.
   intermedius Desb. Rép. 38   F.
164 dermatodes-Fairm. Rép.35 Maroc
   promissus Reiche   Alg.
165 libanigena-La Brul.   Liban.
166 israëlita La Bru.   Palest.
167 judæus La Brul.   Palest.
168 Bonvouloiri Vuillef. Rép. 37   E.
169 microthorax-Mots. (Anisod.) E.
   Perezi-Vuillef. Ab. v 294
170 Schaumi-Voll. Rép.38 Palm.Hier.
   v. *Teneriffæ* Woll.   Tén.

85. STENOLOPHUS Dej.

16 flaviusculus Mots.Ab iv 213 Hong.
17 humeralis Mots. Ab. iv 212 Kirg.
18 nitidulus Mots. Ab. iv 212 Cauc.

86. ACUPALPUS Latr.

6 dorsalis-F.   Eur. Sib.
   v. *Cantabricus*-LaBrul.Rép.40 E.
   v. *salinus* Baudi   Sard.
   v. *vittatus* Heyd.   E.
19 corsicus-Per. Rép. 40   Corse.
20 piceus Rottb.   Sic.

87. AMBLYSTOMUS Er.

2 Solskyi Reiche Rép. 41   Alg.
4 picinus Baudi Ab. xiii 44   Chyp.
5 sardous Baudi Ab. xiii 45   Sard.
7 geniculatus Mots. Ab. iv 220 E.
8 escorialensis-Gaut. Ab. vii 176 E.

88a SOMOPLATUS Dej.

1 fulvus-Muls.   Marseille.
2 peregrinus Muls.   Egypt.

89a ACMASTES Schm.

1 Haroldi Schm.   Maroc.

FERONIDÆ.

90. ASTIGIS Ramb.

3 stenodera Mots. Ab. 4 238   Egyp.

91. PLATYDERUS Steph.

3 ruficollis-Marsh.   Eur.
   v. *montanella*-Graëlls Ab.vii 161 E
   troglodytes Schauf. Rép. 21
19 Vuillefroyi Dieck.   E.
20 cyprius La Brul.   Chyp.
21 alticola-Woll. Rép. 42   Tén.
22 tenuistriata Woll. Rép. 42   Tén.
23 grandiceps La Brul.   Liban.

98. FERONIA Latr.

Pœcilus Bon.

262 anodon Chaud. Ab.v 220 Transyl.
263 versicolor-Sturm.Ab. v 220 Eurn.
   paucimeta Thoms. Rép. 43   S
264 puncticeps Thoms. Rép. 43   S
265 æneola Chaud. Ab. v 221   Eur.

Tapinopterus Schm.

266 crassiuscula Chaud. Ab. v 240 T.
267 speluncicola Chaud. Ab. v 239 G.
268 Martinezi Vuillef. Ab. v 290 E.
269 insidiosa-Fairm. Rép. 44   Nat.

Lagarus Chaud.

270 figurata Woll. Rép. 45   Tén.
271 chameleon Mots. Ab. iv 243 Sib.
272 ruthena Mots. Ab. iv 243   Ra.

94ª. ZABROSCELIS Putz.

1 ditomides Putz.　　　　Chypr.

95. AMARA Bon.

132 amabilis Hampe　　　Croat.
133 tridens Morav.　　　Sib.
134 refulgens Reiche　　　Sic.
135 subacuminata Putz.Ab.iv143 Alg.
136 Schimperi Wenck. Ab. iv 2　Fc.

Celia Zim.

137 Solieri Putz. Ab. vii 31　Helv.
138 misella Mill. Ab. vii 139　A.
139 incerta Gaut. Rép. 52　Taurus.
140 marginicollis Morav.　Sib. or.

Acrodon Zim.

141 indivisa Putz.　　　Belg.

Liocnemis Zim.

142 chlorotica Fairm.　　Alg.
143 meridionalis Putz.　　Fs.
144 versuta Woll.Rép.32 Lanz.Fuert.

Amathitis Zimm.

145 songarica Putz.　　　Sib.

Leirides Putz.

146 frigida Putz.　　　Fs.

Curtonotus Steph.

147 Helleri Gredl.　　　Tyr.
148 peregrina Morav.　　Sib.
149 tumida Morav.　　　Sib.
150 striolata Putz.　　　Sib.or.
151 caligata Putz.　　　Sib.or.
152 pedestris Putz.　　　Sib.or.
153 conoidea Putz.　　　Sib.or.
154 Dejeani Putz.　　　Sib.or.

Bradytus Steph.

155 sinuaticollis Morav.　　Sib.

Percosia Zim.

156 bullata Mars. Ab. vi 389　Rs.

96. SPHODRUS Clairv.

82 nitidus Mots. Ab. iv 226　Syr.

83 Favieri Fairm. Rép. 55　Maroc.
84 picescens Woll. Rép.53　Hierro.
85 paradoxus Joseph Rép. 53　Carn.
86 obtusangulus Schauf. Rép. 54 Nat.
87 Kœppeni Mots. Ab. iv 315　Rs.
88 libanensis La Brul.　　Liban.
89 parumstriatus Fairm.　　Méd.
90 exaratus Hampe　　　Croat.

97. CALATHUS Bon.

37 laureticola-Woll. Rép. 58　Gom.
38 cognatus-Woll. Rép. 57　Gom.
39 obliteratus Woll. Rép. 57　Gom.
40 fimbriatus Woll.Rép.57　Pº Sant.
41 Pirazzolii Putz.　　　I.
42 Bellieri Gaut. Ab. vii 187 Apeu.
43 zabroides Putz.　　　Perse.
44 arcuatus Gaut.　　　Nat.
　　sublævis Vuillef.
45 lissoderus Putz.　　　Nat.
46 lævicollis Gaut.Ab.vii185 Armén.
47 Heydeni Putz.　　　Port.
48 brevis-Gaut Ab. vii 179　Port.
49 acuticollis Putz.　　　Liban.
50 libanensis Putz.　　　Liban.
51 pluriseriatus Putz.　　Perse.
52 uniseriatus-Vuillef.　　E.
　　angularis-Chevl.
　　liotrachelus Vuillef.
53 granatensis Vuillef.　　E.
　　depressus Gaut. Ab. vii 179.
　　v. Tappesi Gaut. Ab. vii 185　E.
54 ordinatus Gaut.　　　Nat.
55 rugicollis Putz.　　　Kurdist.
56 encaustus Fairm. Rép. 103 Alg.
57 Deyrollei Gaut.　　　Nat.
58 orbicollis Morav. Rép. 104　Sib.
59 nitidulus Morav. Rép. 97　Sib.
　　irideus Mots. Ab. iv 225.
60 proximus Morav. Rép. 98　Sib.

100. TAPHRIA Bon.

2 Nordmanni Morav. Rép. 59 Sib.
3 congrua Morav. Rép. 60　Sib.
4 sylvalis Mots. Ab. iv 224　R.

103. ANCHOMENUS Bon.

62 banaticus Friv. Rép. 60   Banat.
63 magnicollis Mots. Ab. iv 227 Cauc.
64 borealis Mots. Ab. iv 228   Sib.
65 costulatus Mots. Ab. iv 228   Sib.
66 Dohrni-Fairm. Rép. 61   Syr.
67 Nicholsi-Woll. Rép. 61 Ten.Gom.
68 debilis Woll. Rép. 62   Can.

Agonum Bon.

69 assimilis Mots. Ab. iv 229   R.
70 impressostriatus Mots. Ab. iv 229
                                 Cauc.
71 rotundicollis Mots. Ab. iv 230 Sib.or
72 curvipes Tourn. Ab. vi 364   Sic.

104. OLISTHOPUS Dej.

9 dilatatus Mots. Ab. iv 230   Cauc.
10 palmensis Woll. Rép. 62   Palma.
11 angustatus Mots. Ab. iv 231 Cauc
12 anomalus Per. Rép. 63   Corse.

POGONIDÆ.

106. PATROBUS Dej.

9 styriacus Chaud.   Styr.
10 quadricollis Mill. Ab. vii 133 Carpat.

Deltomerus Mots.

11 nebrioides Vuillef. Rép. 64   E.
12 elegans Chaud.   R.
13 carpathicus Mill. Ab. vii 138   A.

108. POGONUS Dej.

6 chalceus-Marsh.   Eur. Alg.
   v. *salsipotens* Woll. Rép. 64 Lanz.
23 syriacus Chaud.   Syr.
24 fasciatopunctatus Morav. Rép. 65 Sib
25 atrocyaneus Dieck.   Es.

Sirdenus Chaud.

26 Grayi-Woll.   Lanz.
   fulvus Baudi Ab. xiii 40   Chyp.
   dilutus Fairm.   Alg.
   extensus Chaud.   Egyp.

108ª. ZARGUS Woll.

1 crotchianus Woll. Rép. 65   Gom.

TRECHIDÆ.

109. TRECHUS Clairv.

69 integer Putz.   Maroc.
70 Raymondi Pand. Putz.   Fs.
71 corpulentus Weise   Hong.
72 subterraneus Miller Ab. vii 141 A.
73 baldensis Putz.   Mt Baldo.
74 complanatus Putz.   E.
75 artemisiæ-Putz.   Fn.
76 saxicola Putz.   E.
77 Schauffussi Putz.   Port.
78 eximius-Putz.   Styr.
79 Kiesenwetteri Pand. Putz.   Pyr.
80 modestus Putz.   Alp.
81 Schaumi-Pand.   Helv.
82 Grenieri Pand. Putz.   Pyr.
83 Uhagoni-Crotch. Putz.   E.
84 Dejeani Putz.   Transylv.
85 elongatulus Putz.   Cauc.
86 Pandellei-Putz.   E.
   piciventris-Pand.
87 Aubei Pand. Putz.   Mt Viso.
88 Putzeysi Pand. Putz.   Alp. Mar.
89 Bonvouloiri-Pand. Putz.   Pyr.
90 debilis Woll.   Mad.
91 Abeillei-Pand. Putz.   Pyr.
92 Delarouzeei Pand. Putz.   Alp.
93 suturalis Putz.   E.
94 longobardus Putz.   In.
95 regularis Putz.   Styr.
96 Fairmairei Pand. Putz.   Alp. Mar.
97 plicatulus Mill. Ab. vii 140   A.
98 olympicus La Brul.   Chyp.
99 crucifer La Brul.   Syr.
100 Diecki Putz.   Es.
101 binotatus-Putz.   Apen.
102 Barnevillei Pand. Putz.   E.
103 libanensis La Brul.   Liban.
104 vicinus Putz.   Armén.
105 tingitanus Putz.   Maroc.
106 detersus Woll.   Canar.
107 felix Woll.   Ténér.
108 curticollis Fairm.   Alg.

110. ANOPHTHALMUS Schmt.

7 dalmatinus-Mill.Ab.iv 19   Dalm.
  Bielzi Seidl.   A.
23 Discontignyi-Fairm.Rép.69   Pyr.
24 Beusti Schauf. Rép. 71   E.
26 Auberti-Gren.Rép.71   F⁵.
28 Lespesi Fairm. Rép. 73   F⁵.
34 navaricus Vuillef. Rép. 73   Pyr.
35 pilosellus Miller Ab. vii 141 A.
36 amabilis Schauf.   A.
37 pubescens Joseph   A.
38 capillatus Joseph   A.
39 liguricus Dieck. Rép. 68   Ligur.
40 Brucki-Piccioli Rép. 68   Ligur.
41 Orpheus-Dieck Rép. 70   Ariége.
  consorranus Abeille Per. Ariége.
42 delphinensis-Ab.Per.Rép.72 F⁸.
43 Trophonius Abeille Per.   Ariége.
44 bucephalus Dieck.Rép.74 Ariége.
45 Chaudoiri Bris. Rép. 76   Pyr.
46 Ehlersi Abeille Per.   Ariége.

111. APHÆNOPS Bonv.

4 Pluto-Dieck Rép. 66   Ariége.
5 Tiresias La Brul.   Ariége.
6 Cerberus-Dieck Rép. 75   Pyr.
  v. *Charon* Dieck.
  v. *inæqualis* Abeille Per.
7 Æacus-Saulcy Rép. 75   Pyr.

113. PERILEPTUS Schm.

2 Stierlini Putz.   Alg.
3 testaceus Putz.   Alg.

116. TACHYPUS Dej.

6 curtus Heyd.   E.
7 cyanicornis Pand.   Pyr.
8 splendidus Heyd.   E.
9 angulicollis Morav.   Sib.

117. BEMBIDIUM Latr.

9 Dufouri-Perris Rép. 77   E.
157 persimile Morav.   Sib.
158 Crotchi Woll. Rép. 78   Dalma.
159 Paulinoï-Heyd.   Port.
160 Volgense Beck.   Sa. epta.

161 ibericum La Brul.Rép.78   Pyr.
162 subcallosum-Woll.Rép.79 Canar.
163 inconspicuum Woll.Rép. 80 Tén.
164 cardionotum Putz.   Hong.
165 heterocerum Thoms.   S.
166 luridipes-Gaut.Ab.vii 79 Corse.
167 deplanatum Morav.Rép.80   Sib.
168 nobile Rottb.   Sic.
169 cognatum-Morav.   Sib.
170 culminicola La Brul.   Liban.
171 jordanense La Brul.   Palest.
172 guadarramense-Gaut.Rép.81 E.
173 mixtum Schm.Ab.vi 391   Egyp.
174 marginicolle Woll. Rép. 81 Tén.
175 toletanum Ferris Rép. 81   E.

118. TACHYS Dej.

19 bistriata-Duft.   Eur.Alg.
  v. *nigrifrons* Fauv. Rép. 82   F.
28 crux Putz.   Hong.
29 gilva Schm. Ab. vi 392   Egyp.
30 dilatata Rottb.   Sic.
31 ornata Schm. Ab. vi 392   Egyp.
32 insularis Rag.   I.
33 centromaculata Woll.Rép 88 Lanz.
34 galilæa La Brul.   Palest.

119. ANILLUS Duv.

3 convexus-Saulcy Rép. 83   F⁸.
4 frater Aubé Rép. 84   F⁸.
5 corsicus-Perris Ab. vii 5   Corse.
6 Masinissa Dieck Rép. 84   Maroc.
7 cordubensis Dieck. Rép. 85 E⁸.
8 florentinus-Dieck Rép. 86   I.

119a. TYPHLOCHARIS Dieck.

1 silvanoides Dieck.Rép.ii 149 Alg.

120. SCOTODIPNUS Schm.

2 Schaumi-Saulcy Rép. 89   Pyr.
3 Aubei-Saulcy Rép. 90   F⁸.
  Revelierei-Perr. Rép. 90 Corse.
4 Pandellei Saulcy Rép. 91   Pyr.
5 Saulcyi Dieck. Rép. 87   Apen.
6 hirtus Dieck Rép. 88   Apen.
7 perpusillus Rottb.   G.

HYDROCANTHARES.

DYTISCIDÆ.

123. EUNECTES Er.

3 subdiaphanus Woll.Rép.92 Canar.
4 subcoriaceus Woll.Rép.93 Mad.

124. ACILIUS Leach.

4 Duvergeri Gobert   Fˢ.

125. HYDATICUS Leach.

2 transversalis-F. Aubé   Eur.
    punctipennis Thoms. Rép. 93.
13 lævipennis Thoms. Rép. 94   S.

126. COLYMBETES Clairv.

20 imbricatus Woll.   Madère.

127. ILYBIUS Er.

13 Kiesenwetteri Wehnk.   A.

128. AGABUS Leach.

34 Gougeleti-Reiche Rép. 97 Corse.
56 Venturii Bertol.   I.
57 Aubei-Per. Ab. vii 6   Corse.
58 parallelipennis Desb.   Corse.
59 rotundatus Wehnk.   Sard.
60 unguicularis Thoms. Rép. 94   S.
61 clypealis Thoms. Rép. 95   S.
62 lapponicus-Thoms.   S.
63 abnormicollis Ball.   Turcm.
64 Mimmii Sahlb.   Lap.
65 Thomsoni Sahlb.   Lap.
66 consanguineus-Woll.Rép.96 Can.
67 Heydeni Wehnk.   E.
68 biguttulus Thoms. Rép. 98   S.

132. LACCOPHILUS Leach.

5 lucidus-Schm. Rép. 100   Egyp.
9 inflatus-Woll. Rép. 99   Can.

134. HYDROPORUS Clairv.

7 cribrosus Schm.Rép. 100 Egyp.
13 pentagrammus-Schm. Rép. 101
              Egyp.
47 bæticus Schm. Rép. 101   Eˢ.
48 scythus Schm. Rép. 102   Kirg.
52 corpulentus Schm. Rép. 102 Rˢ.

69 bicostatus-Schm. Rép. 103   E.
77 parvicollis Schm. Rép. 104 Nat.
81 basinotatus-Reiche Rép.105 Maroc
85 hyphydrioides-Perr.Rép.106 Alg.
98 nigriceps Schm. Rép. 188   Eˢ.
147 Leprieuri-Reiche Rép. 109 Alg.
149 saucius Desb.   Corse.
150 caspius Wehnk.   Rˢ.
151 Brannani Schauf.   Majorq.
152 distinguendus Desbr.   Corse.
     avunculus Fairm.
153 Brucki Wehnk.   G.
154 glabellus Thoms. Rép. 107   S.
155 Bonnairei Fairm.   Corse.
156 nigricollis Fairm.   Corse.
157 compunctus Woll.Rép.107 Tén.
158 Kraatzi-Kiesw. Rép. 108   A.
159 rufipes Sahlb.   Lap.
160 picicornis Sahlb.   Lap.
161 opacus Wehnk.   Lap.
162 corsicus Wehnk.   Corse.
163 pyrenæus Wehnk.   Pyr.
164 gracilis Wehnk.   E.
165 delectus Woll. Rép. 109   Can.
166 jucundus Perr. Ab. vii 7   Pyr.
167 sabaudus Fauv.   Savoie.

136. HALIPLUS Latr.

13 maculipennis Schm.Rép.110 Egyp.
20 cristatus Sahlb.   Lap.
21 andalusicus Wehnk.   Eˢ.
22 pyrenæus Desb.   Pyr.
23 apicalis Thoms.   S.
24 multipunctatus Wehnk.   Aⁿ.
25 Heydeni Wehnk.   Aⁿ.
26 Schaumi Solsky   R.
27 suffusus Woll. Rép. 111   Can.

PALPICORNES.

HYDROPHILIDÆ.

144. HYDROBIUS Leach.

11 Morenæ Heyd.   E.
12 glabricollis Schauf.   Baléar.
13 hæmorrhous-Woll.Rép.112 Can.

1.

146. PHILHYDRUS Sol.

8 agrigentinus Rottb.   Sic.
9 coarctatus Gredl. Rép. 112   Tyr.

147. HELOCHARES Muls.

4 punctatus Sharp.   B.
5 Ludovici Schauf.   Baléar.

148. LACCOBIUS Er.

4 sardeus-Baudi Ab. xiii 47   Sard.
  v. *viridiceps*-Rottb.   Sic.
  subtilis Kiesw.   E.
  intermittens Kiesw.
11 Revelierei-Perr.Rép.113 Corse.Sic
12 bipunctatus Thoms.   SAG.
13 alutaceus Thoms.   AI.
14 emeryanus Rottb.   I⁵ E⁵.
15 leucaspis Kiesw.   E⁵.
16 atrocephalus Reit.   Oran.
17 Kiesenwetteri Reit.   Oran.

149. BEROSUS Leach.

10 sculptus Solsky   R⁵.
11 corsicus Desb. Ab. vii 97 Corse.

150. LIMNEBIUS Leach.

5 gyrinoides-Aubé Rép. 115 F⁵ Syr.
10 cassidoïdes Baudi Ab.xiii 49 Chyp
11 gracilipes-Woll. Rép. 114   Tén.
12 punctatus-Woll. Rép. 114   Tén.
13 Gherhardti Heyd.   E.
14 Fussi Gherh.   A.
15 evanescens Kiesw. Rép. 115 E⁵.

151. CYLLIDIUM Er.

2 simile-Woll. Rép. 115   Can.

153. HELOPHORUS F.

27 æqualis Thoms.   S.
28 Mulsanti Rye.   Eur.
29 Erichsoni Bach.   A.
30 brevicollis-Thoms.   S.
31 strigifrons Thoms.   S.
32 pallidulus Thoms.   S.
33 longitarsis Woll. Rép.116   Can.

154. HYDROCHUS Leach.

7 interruptus-Heyd.   E.
8 grandicollis Heyd.   E.

155. OCHTHEBIUS Leach.

32 torrentium-Coye Ab. vi 370 Syr.
33 maculatus Reiche   Alg.
34 numidicus-Reit.   Oran.

  Calobius Woll.

35 alpicola Woll.   Mad.
36 lapidicolaWoll.Rép.116 Tén.Palm.
37 Sellæ Sharp.   _n.

156. HYDRÆNA Kug.

21 serricollis-Woll. Rép. 117   Tén.
  sinuaticollis Woll.
22 4-collis-Woll. Rép. 118   Can.
23 exarata Kiesw. Rép. 118   E⁵.

SPHÆRIDIDÆ.

157. CYCLONOTUM Er.

4 brevitarse Heyd.   E.

160. CERCYON Leach.

27 rhomboidale Perr.Ab.xiii3 Corse.
28 lepidum Woll. Rép. 118   Can.

162. CRYPTOPLEURUM Muls.

2 Vaucheri Tourn. Rép. 119 He.v.

BRACHELYTRES.

ALEOCHARIDÆ.

163. AUTALIA Steph.

3 puncticollis Sharp.Rép.120 SBF.
4 conura Jek.   S c.
5 longula Jek.   Corfou.

165. FALAGRIA Steph.

12 picicornis Muls.   Corse.
13 longipes Woll. Rép. 121   Mad.
14 sicula Jek.   S c

166. MYRMECOPORA Saulcy.

1 publicana-Saulcy Rép. 173   Syr.
2 fugax-Er. (Tachyusa)   F Sard.
  lata Saulcy Rép. 123

166ᵃ. ECHIDNOGLOSSA Woll.

1 constricta-Woll. Rép. 123   Tén.
2 corsica Muls.   Corse.

167. BOLITOCHARA Manh.

10 humeralis Luc.   Bône.
    festiva Saulcy Rép.163 (Myrmed.)

169ᵃ. DIESTOTA Muls.

1 Mayeti Muls. Rép. 125   Fˢ.

171. OCALEA Er.

15 latipennis Sharp. Rép.126 Ecosse.
16 puncticollis Muls.   Corse.
17 parvula Baudi Rép.123 FI.Chyp.

172ᵃ. XENOMMA Woll.

1 muscicola Woll. Rép. 127   Can.

173. LEPTUSA Fairm.
Sipalia Muls.

3 Pandellei-Bris. Rép.136   Pyr.
22 montivaga Bris. Rép. 134   Fˢ.
23 lapidicola Bris.Rép.132   Fˢ.
    nigra Scriba Rép. 134   Pyr.
24 puellaris-Hampe Ab. ıv 26' Croat.
27 curtipennis Baudi Rép. 143   I.
    simplex Baudi Rép.143
28 linearis Bris. Rép. 133   Pyr.
29 pulchella Baudi Rép. 132   I.
30 bidens Baudi Rép. 140   Apen.
31 glacialis Bris. Rép. 130   Pyr.
32 lativentris Hampe   E.
33 alpicola Branc.   Hong.
34 flavicornis Branc.   Hong.
35 lævigata Bris. Rép. 131   E.
36 Bonvouloiri Bris. Rép. 128 Pyr.
37 Brucki Scriba Rép.129   Apen.
38 tricolor Scriba   E.
39 rugosipennis-Scriba Rép. 138 I.
40 rugatipennis Per. Rép. 137   Fˢ.
41 pallida Scriba Rép. 135   Pyr.
42 lævata Muls.   Corse.
43 punctulata Muls.   Corse.
44 subconvexa Muls.   Pyr.
45 nitida Fauv. Rép. 132   Pyr.
    lævigata Scriba.
46 scabripennis Muls.   Corse.
47 cavipennis Muls.   Corse.
48 sublævis Muls.   Corse.

49 Revelierei Muls.   Corse.
50 impressa Muls.   Var.

174. THIASOPHILA Kr.

3 canaliculata Muls.   Vosges˙
4 subcorticalis Hoch.   Rˢ.
5 brunnicornis Jek.   Corfou.

177. HOMŒUSA Kr.

2 paradoxa Scriba Rép. 145   I.

178. CRATARÆA Thoms.
microglossa Kr.

10 longicornis Thoms. Rép. 144   S.
11 rubripennis Fauv. Rép. 145   Alg

179. ALEOCHARA Grav.

31 lygæa Kr.   FA.
    frigida Fauv. Ab. vııı 152   Alp.
    succicola Thoms. Rép. 153   S.
38 algarum-Fauv.   Fⁿ.
    littoralis Woll.   Lanz.
    fuliginosa Muls. Rép. 148.
65 carinata Saulcy Rép. 145   Syr.
66 tuberculata Saulcy Rép. 154 Syr.
67 Oliverii Fauv. Rép. 152   Alg.
68 hæmatica Muls.   Fᶜ.
69 carolina Bris. Ab. ıv 50'   Fᶜ.
70 sareptana Solsky   Rˢ.
71 nigricollis Gredl. Rép. 152 Tyr.
72 microptera Thoms.   S.
73 alutacea Muls.   Fᶜ.
74 notatipennis Hoch.   Rˢ.
75 opacula Thoms.   S.
76 funebris Woll. Rép. 151   Can.
77 latipalpis Muls.   Pyr.
78 semirubra Graëlls (Falag.)   E.
    bicolor Perr. Rép. 144.
79 fungivora Sharp. Rép. 149   B.
80 maculata Bris. Rép. 150   Pyrᵉ.
81 aurovillosa Jekel   Malte.
82 erecte setosa Jek.   Sic.

182. DINUSA Saulcy.

1 hicrosolymitana-SaulcyRép.158 Pal.
2 davidica Saulcy Rép. 157   Palest.
3 jebusæa Saulcy Rép. 159   Palest.

182a. PIOCHARDIA Heyd.

1 Lepismiformis Heyd.   E.

183. LOMECHUSA Grav.

8 excisa Thoms.   S.

184. APTERANILLUS Fairm.

2 Raffrayi Fairm. Rép. 165   Alg.
3 convexifrons Fairm.   Maroc.

185. MYRMEDONIA Er.

11 physogatra Fairm.   Alg.
   hippocrepis Saulcy Rép. 164 F^s.
19 barbara Fairm. Rép. 159   Alg^c.
26 erratica Hagens Rép. 162   FA.
29 endorica Saulcy Rép. 162   Syr.
31 cavifrons Perr. Rép. 161   Alg.
32 Perezi Uhag.   E.
33 mustela Rottb. Rép. 165   Sic.
34 pulla Rottb. Rép. 165   Sic.
35 Kawalli Hoch.   R^s.
36 bituberculata Bris. Rép. 160   E.
37 drusilloides Solsky   Turcm.
38 punctatella Bris. Rép. 164   E.
   punctatissima Bris. Ab. VIII 164

187. HYGROPORA Kr.

2 nigripes Thoms. Rép. 166   S.

188. CALLICERUS Grav.

5 clavatus Rottb. Rép. 173   Sic.

189. ILYOBATES Kr.

6 Bonnairei Fauv. Rép. 169   F.
   glabriventris Rye Ab. VIII 181 B.
7 cribripennis Muls.   Corse.

189. CALODERA Manh.

23 syriaca Saulcy Rép. 171   Syr.
24 laticollis Thoms.   S.
25 atricapilla Scriba Rép. 170   I.
26 hierosolymitana SaulcyRép.172Pal.
   pulchella Baudi Rép. 170
27 lapponica Sahlb.   Lap.
28 glabrata Kiesw.   E.
29 subnitida Muls.   Corse.

190. TACHYUSA Er.

20 agilis Baudi Rép. 173   Chyp.

21 objecta Muls. Rép. 175   F.
22 simillimaWoll.Rép.174Lanz.Fuert
23 nitidula Muls.   Corse.
24 cingulata Jekel   Malte.
25 cavicollis Solsky   Samark.

191. OCYUSA Kr.

1 ruficornis Gyl. (Oxypoda)   Eur.
   longitarsis Thoms. Rép. 176 S.
5 hybernica Rye.   Irlande.
6 defecta Muls.   Corse.
7 Salomonis Saulcy Rép. 188   Palest.

193. OXYPODA Manh.

4 longipes Muls.   F^s.
   metatarsalis Thoms.Rép.185 S.
6 fallaciosa Saulcy Rép. 180   Palest.
7 collaris Saulcy Rép. 179   Palest.
19 induta Muls.   F.
   neglecta Bris. Rép. 184.
33 Gaillardoti Saulcy Rép. 180   Syr.
42 uliginosa Bris. Rép. 189   Pyr.
63 judæa Saulcy Rép. 183   Palest.
67 parvula Bris. Rép. 186   F^s.
92 luctifera Fauv. Rép. 177   Alg.
93 distincta Muls.   F^s.
94 rupicola Rye. Rép. 187   Ecosse.
95 subnitida Muls.   F^s.
96 fusina Muls.   Corse.
97 breviuscula Muls.   Corse.
98 Gobanzi Gredl. Rép. 182   Tyr.
99 picta Muls.   Corse.
100 bimaculata BaudiRép. 178   Chyp.
101 castanea Muls.   F^s.
102 brevipennis-Woll.Rép.179   Gom.
103 obscena Woll. Rép. 185   Ten.
104 ambigena Fauv. Rép. 183   Bône.
105 determinata Scriba   E.
106 nigrocincta Muls.   F.Med.
107 edinensis Sharp.   Ecosse.
108 pectita Sharp.   B.
109 verecunda Sharp.   Anglet.
110 tarda Sharp.   Ecosse.
111 juvenilis Muls.   F^s.
112 nigrescens Muls.   F^s.

113 tirolensis Gredl. Rép. 188 Tyr.
114 funicularis Hoch. R^s.
115 referens Muls. Corse.
116 Damryi Muls. Corse.
117 4-cuspidata Jek. Sic.

194. KRAATZIA Saulcy.

2 inflata Fauv. Rép. 190 Sic. Bône.

195. HOMALOTA Manh.

3 velox-Kr. BFA.
cambrica Woll. Rép. 206.
6 hypnorum Kiesw. A. Pyr.
silvicola Fuss. Rép. 242 B.
19 aquatica Thoms. S.
subænea Sharp. 234 B.
foliorum Muls.
27 planifrons Waterh. Rép. 232 B.
31 sequanica Bris. Rép. 228 F.
38 hygrobia-Thoms. FSA.
opacula Thoms. Rép. 228.
46 meridionalis Muls. BFA.
cyrtonota Thoms. S.
apricans Muls.
littorea Sharp. Rép. 208 Ecosse.
48 labilis-Er. A.
Rachel Saulcy Rép. 239 Palest.
49 plumbea Waterh. BF. Fuert.
trogophlœoides Woll. Rép. 233.
55 atricilla Er BSFA.
halobrechta Sharp. Rép. 197 B.
princeps Hamp. Rép. 222.
60 fuscofemorata Wat. Rép. 209 SFA.
79 læviceps Bris. Rép. 218 F.
82 ocaloides Bris. Rép. 231 F.
83 elegantula Bris. Rép. 203 BF.
89 luctuosa-Muls. F^s.
speculum Kr.
Athalia Saulcy Rép. 196 Palest.
99 analis-Grav. BSFA.
filum Muls. Rép. 210.
♀ *decipiens* Sharp. Rép. 215.
100 minor-Aubé Rép. 225 F^s.
postica Muls. (Ocyusa) Corse.

119 hepatica Er. FA.
exarata Sharp. Rép. 216 B.
122 Judith Saulcy Rép. 216 Palest.
128 nitidicollis Fairm. BSFA.
fungicola Thoms.
ignobilis Sharp. Rép. 237.
134 Linderi Bris. Rép. 249 Pyr.
heterogastra Eppels. Alg.
139 subcavicola Bris. Rép. 243 Pyr^e.
148 Aubei Bris. F.
breviceps Thoms. Rép. 200 S.
154 zosteræ Thoms. SF.
vicina Kr.
hodierna Sharp. Rép. 249. B.
168 amicula Steph. BFA.
sericea-Muls.
Jezabel Saulcy Rép. 212 Palest.
subsericea Woll. Rép. 244 Can.
183 lævana-Muls. BF.
seligera Sharp. Rép. 251.
209 celata-Er. SFA.
germana Sharp. Rép. 248 B.
arenicola Thoms. Rép. 193 S.
dadopora Thoms. Rép. 193 S.
210 pulchra-Kr. Eur.
montivagans Woll. Can.
Sharpi Rye Rép. 251 B.
228 cæsula Er. SFA.
minuta Bris. Rép. 225.
exilis Perris.
236 fuscipes Heer. Eur.
fimorum Bris.
affinis Fuss. Rép. 191 A.
proxima Kr.
248 myrmicaria Saulcy Rép. 227 Palest.
251 Rebecca Saulcy Rép. 240 Palest.
253 aquatilis Thoms. Rép. 192 S.
254 robusta Muls. F.
255 microptera Thoms. Rép. 227 S.
256 tereticornis Wank. Rép. 252 R.
257 amnicola Woll. Rép. 193 Can.
258 amnigena-Woll. Rép. 194 Can.
v. *maderensis* Woll. Mad.
259 angustissima Woll. Rép. 195 Lanz.
260 persimilis Woll. Rép. 232 Tén.

335 rufofusca Woll. Rép. 241   Tén.
336 rufobadia Woll. Rép. 240 Palma.
337 misella Woll. Rép. 226   Hierr.
338 seorsicornis Hoch.   R^s.
339 dimidiata Hoch.   R^s.

196. PLACUSA Er.

5 infima–Er.   BFA.
  denticulata Sharp. Rép. 255.
  tachyporoides Waltl. Ab. VI 68.

197. PHLŒOPORA Er.

4 corticina Woll. Rép. 256   Can.
5 angustiformis Baudi Rép. 257 Apen.

202. OLIGOTA Manh.

7 inflata–Manh.   Eur.
  subsericans Muls. Rép. 258   F.
  picipennis Muls.   F.
14 punctulata Heer.   Helv.
  ruficornis Sharp. Rép. 258   B.
  pilosa Muls.   FA.
15 castanea–Woll. Rép. 257   Can.

203. GYROPHÆNA Manh.

2 nitidula Gyl.   SFA.
  signatipennis Gredl. Rép. 262 Tyr.
6 affinis–Sahlb.   FA.
  diversa Muls. Rép. 261.
14 polita Grav.   FA.
  brevicornis Muls. Rép. 262.
18 Kraatzi Hoch.   R^s.
19 bihamata Thoms. Rép. 260 SFAI.
  ruficornis Muls.
20 Poweri Crotch. Rép. 259   SBF.
21 rugicollis Hoch.   R^s.
22 aspera Fauv.   E Corse.

205. DIGLOSSA Halid.

2 submarina–Fairm.   F.
  sinuaticollis Muls. Rép. 293.
3 crassa Muls. Rép. 264   F.

206. MYLLÆNA Er.

1 dubia–Grav.   BFA.
  valida Muls. Rép. 206.
6 brevicornis–Math.   Eur. temp.
  rubescens Muls. Rép. 265   Pyr.

TACHYPORIDÆ.

209. HYPOCYPTUS Manh.

16 Pirazzolii Baudi Rép. 267   I.
17 rubripennis Pand.   F^s

215. TACHINUS Grav.

17 basalis Er.   Oural.
  berezenicus Wank. Rép. 268 Lithu
  nitidus Pand.   Podol.
26 Fauveli Pand.   Cauc.
  Deyrollei Sharp.
27 Bonvouloiri Pand.   Pyr.
28 flavolimbatus Pand.   E Sic. Alg.

216. TACHYPORUS Grav.

14 humerosus–Er.   Eur. temp.
  4-scopulatus Pand.   Pyr.
  signifer Pand. Rép. 268   Bône.

217. CONURUS Steph.

10 Wankowiczi Pand.   Pologne.
11 erythrinus Hoch.   R^s.

218. BOLITOBIUS Steph.

5 formosus Grav.   Eur. temp
  hæmaticus Baudi Rép. 269.
20 arcuatus Solsky   Sib.
21 Maacki Solsky   Sib.
22 luridus Woll. Rép. 270   Tén.
23 filicornis Woll. Rép. 268 Can.
24 pullus Solsky   Turcm.
25 rugipennis Pand.   Pyr. Alp.
  Macklini Sahlb.
26 multipunctus Hampe Rép. 270 Croat

219. MYCETOPORUS Manh.

27 monilicornis Woll. Rép. 271 Tén.
  v. *obscuripennis* Woll.   Gom.
28 pachyraphis Pand.   F.
29 punctipennis Scriba Rép. 272 T.
  poricollis Pand.
30 aequalis Thoms. Rép. 272   S.
31 Reichei Pand.   F.
32 forticornis Fauv.   F.
33 rufus Woll. Rép. 273   Tén. Gom.
34 solidicornis Woll. Rép. 273 Can.

35 Johnsoni Woll. Rép. 273   Mad.
36 spelæus Scriba   ·   E.
37 adumbratus Woll. Rép. 274 Tén.
38 discoideus Woll. Rép. 275 Tén.
39 Chevrolati Pand.   Pyr.
40 Brucki Pand.   Pyr.

STAPHYLINIDÆ.

222. EURYPORUS Er.

3 princeps Woll. Rép. 275 Gᵈᵉ-Can.

223. HETEROTHOPS Steph.

1 prævius–Er.   Eur. Pers.
   niger Kr. Rép. 276   A.
11 melanocerus Solsky   Turcm.

224. QUEDIUS Steph.

3 fulgidus–F.   Eur.
   4-punctatus Thoms Rép. 285.
22 ochripennis Mén.   Eur. Alg.
   puncticollis Thoms. Rép. 288.
   v. *nigrocæruleus* Fauv.   FPort.
37 præcox–Grav.   Eur.
   Ernestini Fauv. Rép. 289 Alg.
39 pyrenæus Bris. Rép. 284   Pyr.
44 nigriceps–Kr.   Eur.
   pineti Bris. Rép. 283   E.
45 suturalis Kiesw.   Eur.
   muscorum Bris. Rép. 282.
46 coxalis–Kr.   IG Syr.
   Macchabæus Saulcy Rép. 281.
68 scintillans–Grav.   Eur. Alg.
   Islamita Saulcy Rép. 280   Syr.
76 maurus Sahlb.   R.
   Fageti Thoms. Rép. 387 S Belg.
78 Josue Saulcy Rép. 279   Syr.
80 crassus Fairm.   FˢE Alg.
   amplicollis Scriba Rép. 277.
81 megalops Woll. Rép. 281   Can.
82 angustifrons Woll. Rép. 277 Gom.
83 mesomelinus Marsh. Eur. Amér.
   Fuchsi Scriba Rép. 278.
   temporalis Thoms. Rép. 286.
84 cælebs Rottb. Rép. 278   Syr.
85 polystigma Wank. Rép. 284 RˢSib.
86 coloratus **Fauv.**   Syr.

87 robustus Scriba   FE.
   parviceps Fauv.   Alp.
88 transylvanicus Weise   Transyl.
89 semiruber Fauv.   Pologne.
90 inflatus Fauv.   Syr.
91 sparsutus Fauv.   Sib.

226. STAPHYLINUS L.

25 ussuriensis Solsky   Sib.

227. OCYPUS Steph.

26 planipennis Aubé   Sic. Alg.
   Oliverii Fauv. Rép. 292.
   atratus Woll. Rép. 292   Can.
46 Baudii Fauv. Rép. 289   Alp.
   rhæticus Eppels.   Tyr.
47 umbricola Woll. Rép. 294 Tén.
48 affinis Woll. Rép. 290 Can. Palm.
49 syivaticus–Woll. Rép. 291 Gom.
50 canariensis Har. Rép. 290   Can.
   curtipennis Woll.
51 tomentosus Baudi Rép. 291 Alg. Syr
52 fuscoæneus Solsky   Turcm.
53 subænescens Woll. Rép. 293 Can.
54 Solskyi Fauv.   Rˢ.

228. PHILONTHUS Leach.

42 fimetarius–Grav.   Eur. Alg.
   stenoderus Reiche Rép. 302 Corse.
70 escorialensis–Per. Arc. Rép. 294 E.
75 thermarum–Aubé   BFI.
   v. *libanicus* Saulcy Rép. 296 Syr.
     mimulus Rtb. Rép. 296 Sic. Cors
104 turbidus Er.   Madag.
   Pharao Saulcy Rép. 300   Egyp.
   rubiginosus Solsky Rép. 303 Syr.
115 orbus–Kiesw.   EI.
   tenellus–Woll. Rép. 303   Can.
   Putiphar Saulcy Rép. 301 Egyp.
118 prolixus–Er.   Eur.
   xantholinoides Woll. Rép. 304 Can
123 addendus Sharp. Ab. vꞁ118   BF.
   temporalis Rye.   Sib.
124 Piochardi Fauv.   Syr.
125 insignitus Fauv.   Sib.
126 Linki Solsky Rép. 296   Turcm.
127 velatipennis Solsky Rép. 297 Rˢ

128 nigriventris Thoms.Rép.300 BS.
129 plagiatus Fauv.   Alg.
130 viridipennis Fauv.   Syr.
131 suavis-Bris. Rép. 303   E.
  gratiosus Bris.
132 erythropterus Fauv.Rép 299 Oran
133 ustulatus Fauv.   Sib.
134 asperulus Fauv.   Syr.
135 cinctipennis Fauv.   Egyp
136 picipes Fauv.   Cauc.
137 nimbicola Fauv.   Alp.
138 anguinus Fauv   Pyr.
139 pisciformis Fauv.   Var.
140 coxalus Hoch.   R⁵.
141 laxatus Fauv.   Cauc.
142 fenestratus Fauv. Rép. 299 Eur.
143 rubellus Solsky   Turcm.

230. XANTHOLINUS Serv.

3 punctulatus-Payk.   Eur. Sib.
  melanarius Fauv. Rép. 304
  morio Reit.
  Haroldi Reit.
28 angusticollis Fauv.   F⁵I.
  gracilipes Fauv.
29 tenuipes Baudi Rép. 305   Apen.
30 baïcalensis Fauv.   Sib.
31 sublævis Fauv.   Sib.
32 myops Fauv.   Alp.
33 barbarus Fauv.   Alg.
34 cribripennis Fauv.   FI Cauc.
35 translucidus Scriba   E.

231. LEPTOLINUS Kr.

1 nothus-Er.   Eur.As.Af.
  sareptanus Stierl.Rép. 306   R⁵.
  versicolor Solsky Rép. 306   R⁵.

232. METOPONCUS Kr.

3 tricolor Brancs. Rép. 307   Hong.

233. LEPTACINUS Er.

2 batychrus-Gyl.   Eur.As.
  jebusæus Saulcy Rép.308 Palest.
  berytensis Saulcy Rép. 308 Syr.
  triangulum-Saulcy Rép. 309 Syr.

8 othioides-Baudi Rép. 309   I.
  formicetorum Baudi.
9 læviusculus-SolskyRép.308Volhyn

233. BAPTOLINUS Er.

3 longiceps Fauv.   . F.

235. OTHIUS Steph.

12 pallidus Brancs.   Styr.
13 brachypterus Woll. Rép. 309 Can.
  philonthoïdes Woll.   Gom.

237. PLATYPROSOPUS Manh.

4 bagdadensis Stierl. Rép. 310 Syr.

PÆDERIDÆ.

239. SCIMBALIUM Er.

6 scabrosum Fauv.   Tang.
7 subterraneum Raffr.   Alg.

240. LATHROBIUM Grav.

4 fulvipenne-Grav.   Eur.
  Letzneri Gerh. Rép. 310   Sib.
11 multipunctum-Grav.   Eur. Alg.
  pyrenaïcum Fairm.Rép.312 Pyr.
14 lusitanicum-Grav.   Médit.
  Sisara Saulcy Rép. 313   Palest.
  erythrurum Rottb.Rép.302 Sic.
16 Manueli Fauv. Rép. 314   Iⁿ.
33 dilutum Er.   FAI.
  ♀ *maurianense* Fauv. Rép. 315.
42 stilicinum Er. (Domene) IGR Syr.
  ♂ *galilæum*SaulcyRép.317 Pales
  ♀ *arabicum* Saulcy.
  punctatissimum Scriba Rép. 316.
47 lithocharinumFauv.(Domene) Alg.
48 scopeeilum Fauv (Domene).   E.
49 sibiricum Fauv.   Sib.
50 Lethierryi Reiche Rép. 318   Alg.
51 gracile Hamp. Rép. 315   Croat.
52 quadricolle Fauv.   Syr.
53 Krniense Joseph Rép. 318   A.

241. ACHENIUM Steph.

9 Sennacherib Saulcy Rép. 320 Pyr.
13 rugipenne Fauv.   E.

14 picinum Fauv.   Syr.
15 nigriventre Fairm.Rép.321 Tang.
16 salinum Woll. Rép 332   Lanz.
17 subcæcum Woll. Rép. 321 Lanz.

242. DOLICAON Cast.

1 illyricus–Er.   Sic.Illyr.
   syriacus-Saulcy Rép. 3:3   Syr.
8 biguttulus-Lacd.   Méd. Casp.
   venustus-Peyr. Rép. 324 Palest.
9 densiventris Fauv.   Alg.
10 cribricollis Fauv. Rép. 324 Tang.
11 obesus Fauv.   Liban.
12 semirufus Fauv.   Syr.
13 pullus Solsky   Turcm.
14 spelæa Scriba   E.
15 debilipennis-Woll.Rép.324 Gom.
16 Païvæ Woll. Rép. 325   Salvag.

245. STILICUS Latr.

6 Arabs Saulcy Rép.323   Syr.
13 prolongatus Solsky   Turcm.
14 nigellus Woll. Rép. 326   Gom.
15 capitalis–Har.   Kirg.

246. SCOPÆUS Er.

15 longicollis Fauv.   F.
16 pilicornis Baudi Rép. 327 Chyp.
17 micropterus Fauv.   I.
18 subopacus Woll. Rép. 327 Mad.

247. LITHOCHARIS Lacd.

5 pythonissa Saulcy Rép. 329 Syr.
14 apicalis Kr.   BFAIEAlg.
   maronita Saulcy Rép. 330 Mad.
19 propinqua-Bris.   Eur. Alg.
   ricina-Bris.
   læta Thoms. Rép. 332.
28 obsoleta-Nordm.   Eur.Afr.As.
   aterrima Saulcy Rép. 331.
   Dido Saulcy Rép. 333.
31 aveyronensis Math.   Fs.
   gracilis Muls. Rép. 331.
   Plasoni Eppels.

32 quadriceps Woll. Rép. 328 Can.
33 subcoriacea-Woll. Rép. 328 Can.
34 Kellneri Kr.   A.
35 spelæa Scriba   Es.
36 semiobscura Fauv.   Syr.
37 africana Fauv. Rép. 329   Alg.

247a. SCOTONOMUS Fauv.

1 Raymondi–Fauv.   Sard.

247b. CEPHISUS Fauv.

1 orientis–Fauv.   Syr.

248. MECOGNATUS Woll.

Nazeris Fauv.

2 Ammonita Saulcy Rép.334 Palest.

249. SUNIUS Steph.

8 fallax Saulcy Rép. 238   Syr.Alg.
9 tristis Er.   E Corse Alg.
   platynosus Saulcy Rép. 351 Syr.
   diversicollis Baudi Rép. 337.
14 Thaboris Saulcy Rép. 340   Syr.
25 melanurus-Kust.   Corse EIG.
   æmulus Rottb.Rép.340 Alg.Chyp.
26 myrmecophilusWoll.Rép.335 Tén.
27 megacephalus-Woll.Rép.335 Tén.
   v. *gomerensis* Woll.   Gom.
28 dimidiatus Woll. Rép. 336   Can.
29 pallidulusWoll.Rép.336 Tén.Gom.
30 collaris Fauv.   Alg.
31 lithocharoides Solsky   Turcm.
32 Walkeri Fauv.   Malte.
33 cribrellus Baudi Rép. 336   I Syr.
34 microthorax Fauv.   Alg.

249a. CTENOMASTAX Kr.

1 Kiesenwetteri Kr. Rép. 341   E.

250. PÆDERUS Grav.

4 gregarius-Scop.   Anc.-Mond.
   littoralis Grav.
   Moses-Saulcy Rép. 342 Palest.
19 meridionalis Fauv.   IE Alg.

PINOPHILIDÆ.

251. ÆDICHIRUS Er.

3 OEdipus Rottb. Rép. 343   Sic.

252. PROCIRRUS Er.

2 Saulcyi Fauv.   Palest.

STENIDÆ.

254. EVÆSTHETUS Grav.

1 scaber-Grav.   SBFA.
   Mariæ Bethe Rép. 343.

Edaphus Le C.

7 dissimilis Aubé Rép. 354   F^{s}I.

Octavius Fauv.

8 pyrenæus Fauv.   Pyr.
9 insularis-Fauv.   Corse Sard.
10 crenicollis Fauv.   Pyr. or.

Mayetia Muls.

11 sphærifer Muls.   Pyr. or.

254ª. LEPTOTYPHLUS Fauv.

1 sublævis-Fauv.   Corse.
   exilis Muls.   Pyr. or.

256. STENUS Latr.

4 ocellatus Fauv.Rép.345 F^{s}Port.
25 buphthalmus-Grav.   Eur.
   sulcatulus Muls. Rép. 347.
36 piscator Saulcy Rép.349 Syr.Chyp.
   morulus Baudi Rép. 348.
38 incanus-Er.   Eur. Alg.
   pygmæus Perris Rép. 350.
69 macrocephalus AubéRép.353 F^{s}I.
83 salinus Bris. Rép. 354 F^{s}EAlg.
86 canescens-Rosh.   Médit.
   arabicus Saulcy Rép. 355.
88 pallitarsis-Steph.   Eur.Syr.
   plantaris Er.
   cavifrons Muls. Rép. 353.
89 niveus Fauv. Rép. 356   BF.
102 hospes-Er.   F^{s}IG.
   longicornis Saul.Rép.352 Palest.
106 cyaneus Baudi   GSyr.
   splendens Saulcy Rép. 351.
   rutilans Saulcy Rép. 351.

116 politus Aubé Rép. 358   F^{s}I.
   serpentinus Fauv. Rép. 356.
   gracilicornis Baudi.
140 æreus Solsky   Syr.
141 alpicola Fauv.   Alp.Pyr.
142 strigosus Fauv.   Corse.
143 micros Solsky   Turcm.
144 gallicus Fauv.   F^c.
145 bilineatus Scriba   Lap.
146 fasciculatus Sahlb.   Sib.
147 umbricus Baudi Rép. 346   I.
148 glabellus Thoms.   S.
149 subglaber Thoms.   S.
150 explorator Fauv.   FE.
151 cordicollis Fauv. Rép. 350 Alg.
152 rugosulus Fauv.   Sib.
153 oscillator Rye.   B.
154 tumidulus Solsky   Turcm.
155 æneotinctus-Woll.Rep.349 Can.
156 Reitteri Weise.   Hong.
157 aureolus Fauv.   Turcm.
158 sparsus Fauv.   Corse.
159 speculifer Fauv.   Pyr.
160 subcylindricus Scriba Rép.359 E.

OXYTELIDÆ.

257. OXYPORUS F.

1 Dybowskyi Solsky   Sib.

257ª. OSORIUS Latr.

1 syriacus Fauv.   Egypt.

257ᵇ. CYLINDROGASTER Fauv.

1 corsicus Fauv. Rép. 361   Corse.

258. BLEDIUS Curt.

16 Graëllsi-Fauv. Rép. 384   FEI.
   ♀ *antilope* Peyr.   Alg.
40 pusillus Er.   FAI.
   Baudii Fauv. Rép 367.
54 bos-Fauv.   Sic.Alg.
   atramentarius Rottb. Rép. 361.
55 capra Fauv.   Egyp.
   ? *giraffa* Costa.
56 diffinis Baudi Rép. 362   Chyp.

57 diota Schiœdte   Dan.
58 carinicollis Fauv.   Alg.
59 atratus Fauv.   Sard.
60 infans Rottb. Rép. 366   Sie.
61 obsoletus Fauv. Rép. 367   F^s.
62 strictus Fauv. Rép. 368   ISyr.
63 defensus Fauv. Rép. 368   **F.**
64 obscurus Muls.   F^s.
65 denticollis Fauv.   F.
66 crenulatns Stierl. Ab. vii 175 R^s.

259. PLATYSTETHUS Manh.

15 Wankowiczi Hoch.   R^s.
16 strigosulus Fauv.   Syr.
17 oxytelinus Fauv.   Alg
    ♀ *longipennis* Eppels.
18 debilis Hoch.   R^s.
19 macropterus Weise   E.

260. OXYTELUS Grav.

25 rugifrons Hoch.   FA.
    Eppelsheimi Bethe Rép. 369.
26 clypeonitens Pand.Rép.370 BFAI.
27 tetratoma Czwal.   F^{s}A.
    simplex Pand. Rép. 376.
28 sulcifrons Fauv.   Syr.
29 Saulcyi Pand. Rép. 371   FAI.
30 Fairmairei Pand.   BFA.
    transversalis Czwal. Rép. 372.
31 affinis Czwal. Rép. 371   A.

262. TROGOPHLŒUS Manh.

22 exiguus–Er.   Eur.Méd.
    bledioides Woll. Rép. 377 Can.
    discolor Baudi Rép. 377.
    glabricollis Mots.Ab.iv180 Sib.
    atomus Fauv. Rép. 377   F^s.
34 spinicollis Rye Rép. 374   B.
35 ruficollis Woll. Rép. 375   Tén.
36 despectus Baudi Rép. 376   FI.

263. THINOBIUS Kiesw.

3 linearis Kr.   F^{s}AIAlg.
    brevicollis Muls. Rép. 378.
7 pusillimus Heer.   Helv.
    atomus Fauv. Rép. 381   F^s

9 minor Muls. Rép. 379   F^s
10 micros Fauv. Rép. 380   F^s
11 nitens Fauv. Rép. 380   F^s
12 Ligeris Pyot   F.
13 minutissimus Fauv.   F.

264. ANCYROPHORUS Kr.

7 emarginatus Fauv. Rép. 374 FE.
8 aureus Fauv. Rép. 373 BFCorse.
9 sericinus Solsky   Turcm.
10 filum Fauv.   EA.

264ᵃ. ACTOCHARIS Fauv.

1 marina Fauv. Rép. 362   BFᵘSic.
    Readingi Sharp.

268. ZONOPTILUS Mots.

2 piceus Solsky Ab. v 279   R^s.
3 lateralis Fauv.   R^s.
    pennifer Solsky.

269. COMPSOCHILUS Kr.

1 cephalotes Er.   Crète.
    miles Scriba Rép. 382   IGR^s.
6 curtipennis Fauv. Rép. 383   Alp.
7 flavicollis Fauv. Rép. 384   Belg.
8 macellus Kr. Rép. 384   E.

272. TRIGONURUS Muls.

2 asiaticus Reiche Rép. 412   Natol.

OMALIDÆ.

273. ANTHOPHAGUS Grav.

7 pyrenæus–B. is. Rép. 385   Pyr.
29 apenninus Baudi Rép. 385 Apen.
30 æneicollis Fauv.   F^s.
31 brevicollis Fauv.   Cauc.
    Kunzei Koch.

274. LESTEVA Latr.

3 fontinalis Kiesw.   FEAlg.
    major Muls. Rép. 388.
13 luctuosa Fauv. Rép. 387   Fᶜ.
14 Pandellei Fauv. Rép. 387   F^s.
    lepontia Baudi   Alp.Iⁿ.
15 corsica–Perris Ab. vii 8   Corse.
16 Heeri Fauv.   BSFA.
    punctata Kr.

276. OLOPHRUM Er.

8 caucasicum Fauv. Cauc.

277. LATHRIMÆUM Er.

4 Baudii Kr. Rép. 389 Chyp.
fusculum Er.
5 prolongatum Rottb. A.
6 fratellum Rottb. G.

281. ARPEDIUM Er.

2 quadrum-Grav. Eur.
v. *alpinum* Fauv. Rép. 389 Alp.
6 macrocephalum Eppels. FTyr.
7 libanicum Fauv. Liban.

285. PHILORINUM Kr.

6 floricola-Woll. Rép. 390 Can.

286. CORYPHIUM Steph.

3 Gredleri Kr. Rép. 390 Tyr.

287. BOREAPHILUS Sahlb.

4 astur Sharp. E.

288ᵃ. NIPHETODES Mill.

1 Redtenbacheri Mill.Ab.vii 144 A.

290. OMALIUM Grav.

10 Escayraci Saulcy Rép. 394 Palest.
13 ocellatum Woll. Mad.
Allardi Fairm. BSFAI.
Salzmanni Saulcy Rép. 393 Syr.
20 laticolle Kr. EurⁿSib.
lagopinum Sahlb. Rép. 398 Lap.
35 gracilicorne Fairm. BA.
hiemale Fuss. Rép. 396.
55 sculpticolleWoll.Rép392Tén.Palm
56 tricolor Woll. Rép. 393 Mad.
57 porosum Scriba Rép. 391 I.
foraminosum Scriba.
58 Xambeui Fauv. Alp.
59 funebre Fauv. Pyr.
60 Saulcyi Fauv. Syr.
61 apicicorne Solsky Turcm.
62 taschkentense Solsky Turcm.
63 turanicum Solsky Turcm.
64 strigicolleWankov.Rép.395Lithua
65 distincticorne Baudi Rép. 397 Iⁿ.

292. ANTHOBIUM Steph.

11 Scribæ-Schauf. E.
obscurum Bris. Rép. 400.
44 sorbi-Gyll. SBFAI.
silesiacum Letzn. Rép. 408.
48 aucupariæ Kiesw. Rép. 402 A.
49 clavipes Baudi Rép. 402 Apen.
50 Octavii Fauv. Rép. 399 Alp.
51 obtusicolle Fauv. FE.
52 fulvipenne Solsky Turcm.
53 granulipenne Sahlb. Rép. 406 Lap.
54 foveicolle Fauv. Alp.
cribricolle Baudi Rép. 405.
55 sinuatum Fauv. Rép. 404 Alp.
56 angusticolle Fauv. Rép. 404 Alp.
57 puncticolle Gredl. Rép. 401 Tyr.
58 sparsum Fauv. Alp.
59 hispanicum-Bris. Rép. 405 E.
60 nigriceps Fauv. Rép. 403 Corse.
61 pruinosum Fauv. Rép. 403 Corse.
62 rectangulum-Baudi Rép.407 FAI.

PROTINIDÆ.

293. PROTINUS Latr.

5 longicollis Gredl. Tyr.
6 lævigatus Hoch. Rˢ.
7 egregius Redt. A.
8 limbatus Mærk. FAI.
crenulatus Pand. Rép. 409.

294. MEGARTHRUS Steph.

6 affinis-Miller Eurˢ.
Bellevoyei Saulcy.
7 serrula-Woll. Rép. 410 Gom.

295. PHLŒOBIUM Er.

2 cimicoides-Woll. Rép. 411 Tén.

PHLŒOCHARIDÆ.

297. PHLŒOCHARIS Manh.

3 longipennis Fauv. Palest.
4 corsica-Fauv. Corse.
5 laticollis Fauv. Iⁿ.
6 parallela Fauv. Alg.
7 brachyptera Sharp. E.

8 Diecki Saulcy   E.
9 subclavata Muls.   Pyr°.
10 paradoxa Saulcy (Scotodytes) Pyr°.
    cœca Fauv. Rép. 411.

PIESTIDÆ.

299. PROGNATHA Latr.

3 vittata Fauv.   Sib.

PSELAPHIDÆ.

302. CHENNIUM Latr.

2 Kiesenwetteri Saulcy   G.
3 judæum Saulcy   Palest.

303. CENTROTOMA Heyd.

2 penicillata Schauf.   Pyr.E.
    rubra Saulcy Rép. 2.
3 Brucki Saulcy   G.

304. CTENISTES Reichb.

6 globulicornis–Mots.(Enoptost)Nat.
    ponticus–Baudi Rép. 3.
10 Leprieuri–Saulcy (Enoptost.) Alg.
11 Darius Saulcy (Tetracis)   Perse.
12 Kiesenwetteri–Rag.   Alg.Sic
13 brevicornis Saulcy   Oran.
14 andalusicus Saulcy   E⁵.
15 calcaratus Baudi   Syr
16 Oberthuri Per. Arc.   E.

305ᵃ. RAMELLUS Saulcy.

1 biskrensis Saulcy   Alg.

307. TYRUS Aubé.

2 Peyroni Saulcy   Taurus.

307ᵃ. TYROPSIS Saulcy.

1 Chevrolati Saulcy   F⁵.

308. FARONUS Aubé.

3 Brucki Saulcy   I.
4 pyrenæus Saulcy Rép. 5   Pyr.
5 nicæensis Saulcy   FᵉCorse.
6 hispanus Saulcy   E.

309. PSELAPHUS Herbst.

5 longicornis Saulcy Rép. 6   F⁶.

8 Piochardi Saulcy   E.
9 Heydeni Saulcy   E.
10 algesiranus Saulcy   E.
11 Diecki Saulcy   E.
12 palpiger Woll. Rép. 6   Gom.

310. TYCHUS Leach.

8 castaneus–Aubé Rép. 7   EᵉSic.
    v. *tenuicornis* Aubé.
12 Fournieri Saulcy Rép. 7   F⁵.
13 miles Saulcy   E.
14 armatus Saulcy   E.

311. BATRISUS Aubé.

2 Delaportei–Aubé   FA.
    puncticollis Tourn. Rép. 8.
    Schwabi Reit. Rép. 9.
16 pogonatus Saulcy   G.
17 insularis Baudi   Chyp.

312. TRICHONYX Chaud.

3 Barnevillei Saulcy Rép. 11   F⁶.
4 Kraatzi Saulcy   E.
5 brevipennis Saulcy   E.
6 Ephratæ Saulcy   Palest.
7 lapidicola Raffr.   Alg.

312ᵃ. TROGASTER Sharp.

1 heterocerus–Saulcy   Corse.
2 aberrans–Saulcy   Corse.

312ᵇ. MIRUS Saulcy.

1 permirus Saulcy   Corse.

313. AMAUROPS Fairm.

3 sardous–Saulcy   Sard.
4 Diecki Saulcy   Apen.
5 corsicus–Saulcy   Corse.
6 Pirazzoli–Saulcy   Iₙ.

314. BRYAXIS Leach.

1 sanguinea–F.   Eur.Alg
    formicariensis Gredl.Rép.13Tyr.
3 fossulata–Reichb.   Eur.
    nigricans Gredl. Rép. 16   Tyr.
27 clavata–Peyr. Rép. 19   Chyp.Syr.
28 antennata–Aubé   Médit.
    serrata Gredl. Rép. 20   Tyr.

33 cypria Baudi Rép. 13   Chyp.
34 hipponensis Saulcy   ElCorseAlg.
35 dentiventris Saulcy   Méd.
36 persica Saulcy   Perse.
37 syriaca-Baudi Rép. 14   GSyr.
38 numidica–Saulcy   Sic.CorseAlg.
39 dichroa Saulcy   Oran.
40 Lederi Saulcy   Oran.
41 apennina Saulcy   I.
42 Revelierei–Saulcy   Corse.
43 Pandellei–Saulcy   Pyr.
44 Cota Saulcy   Ecosse.
45 celtiberica Saulcy   Es.
46 Guillemardi Saulcy   Eur.Alg.
47 hemiptera Saulcy   Tang.
48 corsica Saulcy   CorseSard.
49 cal gata Saulcy   Bône.
50 gibbera-Baudi Rép. 16   Chyp.
51 Ragusæ Saulcy   Sic.
52 cavernosa Saulcy   G.
53 tuberculata Baudi Rép. 17   Chyp.
54 sardoa Saulcy   CorseSard.
55 mauritanica Saulcy   Alg.
56 carthagenica Saulcy   E.
57 Uhagoni Saulcy   E.
58 Aubei Tourn. Rép. 20   Bône.
   rufula Rottb. Rép. 18   Sic.
59 colchica Saulcy   Cauc.
60 kabyliana–Raffr.   Alg.
61 Leprieuri Saulcy   Bône.
62 Motschulskyi Saulcy   Rs.
63 Picciolii Saulcy   I.
64 Pirazzolii Saulcy   I.
65 Galathæa Saulcy   Sic.
66 Diecki Saulcy   St-Dalmas.
67 militaris Saulcy   G.
68 dentipes Baudi Rép. 18   Chyp.
69 gigas Baudi Rép. 12   Chyp.Syr.

315ª. DECATOCERUS Saulcy.

1 Alhambræ Saulcy   E.

316. BYTHINUS Leach.

1 Mariæ Duv. Rép. 21   Pyr.
2 Bonvouloiri Saulcy Rép. 23   Pyr.

3 Claræ Schauf. Rép. 24   E.
4 armatus Schauf. Rép. 25   E.
6 Cocles Saulcy Rép. 26   Fs.
   hypogeus Saulcy Rép. 25.
8 pyrenæus Saulcy Rép. 26   Pyr.
18 femoratus Aubé   A.
   armifer Hamp. Rép. 28   Croat.
41 cristatus Saulcy Rép. 22   Ariége.
42 Doriæ Schauf.   I.
43 Pandellei Saulcy Rép. 27   Pyr.
44 simplex-Baudi Rép. 27   In.
45 italicus-Baudi Rép. 28   FsI.
46 ibericus Saulcy   E.
47 lusitanicus Saulcy   Port.
48 nasicornis Saulcy   Port.
49 troglocerus Saulcy   E.
50 peninsularis Saulcy   E.
51 Reitteri Saulcy   Hong.
52 carpathicus Saulcy   Hong.
53 Weisei Saulcy   Hong.
54 OEdipus Sharp.   En.
55 Crotchi Sharp.   En.
56 algiricus Raffr.   Alg.
57 diversicornis Raffr.   Alg.

317. EUPLECTUS Leach.

12 Kirbyi-Waterh.   SFAR.
   Richteri Reit. Rép. 30.
20 tuberculatus Tourn.Rép.29 Helv.
21 monticola Woll. Rép. 30   Tén.
22 sulcatulus Saulcy   F.

318. TRIMIUM Aubé.

6 latipenne Tourn. Rép. 31   Helv.
7 Chevrieri Tourn. Rép. 31   Helv.
8 carpathicum Saulcy   Hong.

318ª. PHILUS Saulcy.

1 Aubei-Saulcy   Corse.

320. CLAVIGER Preyss.

3 Duvali–Saulcy Rép. 32   Fs.
8 Brucki Saulcy   Pyrc.
9 Piochardi Saulcy   E.
10 lusitanicus Saulcy   Port.
11 Saulcyi-Bris. Rép. 33   E

12 nebrodensis Rag.   Sic.
13 Revelierei–Saulcy   Corse.
14 apenninus–Saulcy Rép. 34   Apen.

321. ARTICERUS Dalm.

1 syriacus Saulcy Rép. 34   Syr.

PAUSSIDÆ.

322. PAUSSUS L.

4 Piochardi Saulcy   Palest.

SCYDMÆNIDES.

324. LEPTOMASTAX Pirazz.

2 Raymondi Saulcy Rép. 36   Sard.
5 Grenieri–Saulcy   Corse.

325. SCYDMÆNUS Latr.

6 Raymondi Saulcy Rép. 36 Sard.
37 hæmaticus Fairm.   Pyr.
   Delarouzei Bris. Rép. 41.
38 Linderi–Saulcy Rép. 38   F.
48 chrysocomus–Saulcy Rép. 39   F.
69 angustior Saulcy   E.
70 lusitanicus Saulcy   E.
71 ventricosus Rottb. Rép. 39 Sic.
72 cordubanus Saulcy   E.
73 œdicerus Saulcy   E.
74 proximus–Saulcy   Sard.
75 similaris Saulcy   Sard.
76 dubius–Saulcy   Tosc.
77 syriacus–Saulcy   Syr.
78 Damryi–Saulcy   Corse.
79 microglenes Saulcy   Corse.

80 præteritus Rye   B.
81 subparallelus Saulcy   A.
82 Truquii Baudi Rép. 37   Chyp.
83 dichrous Baudi Rép. 38   Chyp.

84 Alcides Saulcy   E.
85 navaricus Saulcy   E.
86 hospes Saulcy   E.

87 Heydeni Saulcy   E.
88 hæmatodes Saulcy   E.
89 laticeps Saulcy   E.
90 distinguendus Saulcy   E.
91 similis Weise   Styr.

92 cerastes–Baudi Rép. 40   Sard.
93 castanicolor Har. Rép. 40   Car.
   castaneus Woll.
94 Perrisi–Bauduer   F*.
95 spartanus–Saulcy   G.
96 sternalis–Saulcy   Alg.
97 camelus–Saulcy   Syr.
98 Georgi–Saulcy   Alg.

99 Revelierei–Saulcy   Corse.

100 adela Saulcy   Albères.
101 aglena Saulcy   Sard.

327. EUTHEIA Steph.

6 formicetorum Saulcy   FsCorse

329. CEPHENNIUM Mul.

9 granulum–Saulcy   G.
10 Aubei–Saulcy   Sard.
11 carnicum–Saulcy   Carn.
12 minimum–Saulcy   Sard.
13 latum–Saulcy   Tosc.
14 simile–Saulcy   Tosc.
15 pygmæum Saulcy   E.
16 atomarium Saulcy   E.
17 bicolor Saulcy   Tanger.

330. MASTIGUS Latr.

6 Heydeni–Rottb.   I.
7 dalmatinus–Saulcy   Dalm.
8 foveolatus–Sauley   E.

CLAVICORNES.

LEPTODERIDÆ.

334ᵃ. SPELÆOCHLAMYS Dieck.

1 Ehlersi Dieck.   E.

SILPHIDÆ.

340. ADELOPS Telk.

6 Delarouzei–Fairm.   Pyr.
   Brucki Fairm. Rép. 47.
30 Kiesenwetteri Dieck.Rép.49 Pyr.
31 triangulum Sharp.   En.
32 Ehlersi Abeill.Per.Rép.44 Ariége.
33 Diecki–Saulcy Rép. 45   Ariége.

34 flavicornis Thoms.   S.
35 Barnevillei Saulcy Rép. 45 Ariége.
36 Discontignyi Saulcy Rép. 45 Ariége
37 9-fontium La Brul.   Ariége.
38 Perieri La Brul.   Ariége.
39 curvipes La Brul.   Ariége.
40 longicornis–Saulcy Rép. 47 Ariége.
41 Saulcyi Abeil. Per. Rép. 47 Ariége.
42 Piochardi Abeil. Per.   Ariége.
43 hermensis Abeil. Per.   Ariége.
44 Abeillei–Saulcy Rép. 48   Ariége.
45 stygius–Dieck. Rép. 52   Ariége.
46 clavatus–Saulcy Rép. 48 Ariége.
47 crassicornis La Brul.   Ariége.
48 zophosinus Solsky Rép. 49 Ariége.
49 oviformis La Brul.   Ariége.
50 Gestroi–Fairm.   Sard.
51 infernus–Dieck. Rép. 46   Ariége.
52 vasconicus La Brul.   Pyr.
53 Crotchi Sharp.   E.
54 Cisnerosi–Per. Arc.   E.
55 croaticus Mill. Ab. vi 106   Croat.
56 Doriæ–Fairm.   Gênes.
57 Perezi Sharp.   En.
58 Kerimi–Fairm.   M'Rose.
59 rugosus Sharp.   En.
60 Grenieri Saulcy Rép. 50   Pyre
61 subasperatus Saulcy Rép. 50 Ariége
62 Uhagoni Sharp.   En.
63 lapidicola Saulcy Rép. 51 Ariége.
64 sarteanensis Bargagli   I.
65 ovoideus Fairm.   Fs.
66 muscorum Dieck Rép. 51   In.
67 epuræoides Fairm.   Fs.
68 subalpinus Fairm.   Alp.
69 Simoni Abeil. Per.   Lioran.

341. CHOLEVA Latr.

5 subcostata Reiche Rép. 53   Alg.
6 clathrata Per. Rép. 54   E.
13 cribrata Saulcy Rép. 53   Palest.
14 Mohammedis Saulcy Rép. 58 Palest.
15 conjungeus Saulcy Rép. 56 Palest.
16 punctata Bris. Rép. 55   E.

342. CATOPS Payk.

21 erro Reiche Rép. 57   Alg.
48 Bugnioni Tourn.   F.
49 angusticollis Kr.   E.
50 rufus Kr.   E.
51 andalusicus Heyd.   E.
52 flavicornis Thoms. Rép. 56   S.
53 pinicola–Woll. Rép. 58   Tén.
54 gracilis Kr.   E.
55 Vandalitiæ Heyd.   E.
56 Murrayi Woll. Rép. 59   Mad.

343. CATOPSIMORPHUS Aubé.

9 judæus Saulcy Rép. 59   Palest.
10 samaritanus Saulcy Rép. 60 Palest.
12 Michoni–Saulcy Rép. 61   Palest.
14 incisipennis Saulcy Rép. 62 Palest.
15 bicolor Kr.   E.
16 myrmecobius Rottb. Rép. 62 Sic.

ANISOTOMIDÆ.

348. HYDNOBIUS Scht.

6 andalusicus Dieck.   E.

349. ANISOTOMA Illig.

37 scutellaris Muls. Rép. 63   Fs.
38 Discontignyi Bris. Rép. 64   Pyr.
39 macropus Rye.   BF.
40 canariensis Woll. Rép. 65   Can.
41 oceanica Woll. Rép. 65   Tén.

352. AGARICOPHAGUS Hampe.

1 præcellens Hampe Rép. 66   Croat.

353. LIODES Latr.

7 Raffrayi Heyd.   E.

355. AGATHIDIUM Illig.

14 confusum–Bris. Rép. 71   F.Pyr.
   polonicum Wank.
   clypeatum Sharp.
25 seriepunctatum Bris. Rép. 66   F.
26 siculum Bris. Rép. 69   Sic.
27 Leprieuri Bris. Rép. 69   Bône.
28 pisanum Bris. Rép. 70   I.
29 escorialense Bris. Rép. 68   E.

30 algericum Bris. Rép. 67   Bône.
31 nudum Hampe Rép. 72   Croat.
32 pulchellumWankovRép.72 Lithuan
33 globulum-Woll. Rép. 73   Tén.
34 nigriceps Bris. Rép. 74   Bône.
35 integricolle Woll. Rép. 73   Can.

CLAMBIDÆ.

356. CLAMBUS Fisch.

5 complicans-Woll. Rép. 75   Can.
6 pilosellus Reit.   Cauc.

358. CALYPTOMERUS Redt.

1 caucasicus Redt.   Cauc.

CORYLOPHIDÆ.

359. SACIUM Le C.

2 brunneum-Bris. Rép. 75   Pyr.

361ᵃ. MICROSTAGETUS Woll.

1 parvulus Woll. Rép. 77   Can.

365. ORTHOPERUS Steph.

8 punctatusWankov.Rép.77 Lithuan.
9 Kluki-Wankov. Rép. 77   Lithuan.

TRICHOPTERIDÆ.

370. TRYCHOPTERYX Kirby.

34 Poweri Mat. 118   B.
35 fuscula Mat. 175   B.
36 ovatula Mots. Mat. 124   Madère.
37 nigricornis Mots.Mat.126 Madère.
38 longula Mat. 175   Eur.
39 Edithia Mat. 175   B.
40 canariensis Mat. 129   Can.
41 Wollastoni Mat. 133   Can.
42 cantiana Mat. 176   B.
43 Marseuli Mat. 137   F.
44 anthracina Mat. 140   BCan.
45 brevicornis Mots. Mat. 140 Mad.
46 Crotchi Mat. 142   Gom.
47 Matthewsi Woll. Mat. 145   Can.
48 Saræ Mat. 146   E.

373°. PTILIUM Er.

26 Halidayi Mat. 97   B.
27 modestum Wank.Rép.78 Lithuan.
28 caledonicum Sharp. Mat. 174   B.
29 Fœrsteri Mat. 102   F.
30 concolor Sharp. Mat. 89   B.

375°. PTENIDIUM Er.

11 Kraatzi Mat. 79   B².
12 Vankoviczi Mat. Rép. 78   Eur.
13 Brucki Mat. 82   Can.

SCAPHIDIDÆ.

377. SCAPHIDIUM Ol.

2 amurense Solsky Rép. 79   Sibᵉ.

378ᵃ. CYPARIUM Er.

1 sibiricum Solsky Rép. 79   Sib.

379. SCAPHISOMA Leach.

5 Poupillieri-Reiche Rép. 80   Alg.

HISTERIDÆ.

381. PLATYSOMA Leach.

11 marginatum Thoms. Rép. 81   S.

385. HISTER L.

70 turanus Solsky   Turcm.
71 siculus Tourn. Ab. v 142   Sic.
72 integer Bris. Rép. 83   E.
73 canariensis Woll. Ab. i 343 Tén.
74 Desbrochersi-Sen. Ab. v 139   T.
75 arenicola Thoms. Rép. 84   S.
76 falsus Solsky   Turcm.

387. CARCINOPS Mars.

3 Mayeti-Mars.   Fs.

389. HETÆRIUS Er.

6 Marseuli-Bris. Rép. 85   E.

390. ERETMOTES Mars.

6 ibericus Bris. Rép. 86   E.

393. SAPRINUS Er.

106 biplagiatus Ball. Rép. 87   Kirg.
107 proximus Woll. Ab. i 351 Can.

108 Perrisi-Mars. Ab. viii 415 Corse.
109 angulosus Woll. Ab. i 365 Can.
110 Manes-Mars. Ab. v 172   Egyp.
111 libanicola-Mars.   Liban.
112 sparsutus Solsky   Turcm.
113 ovillum Solsky   Turcm.
114 lateristrius Solsky   Turcm.
115 osculans Woll. Ab. i 350   Can.
116 fortunatus-Woll. Ab. i 352
                              Fuert. Lanz.
117 rubiginosusMars.Ab.xiv 36' Tunis
118 tunisius Mars. Ab. xiv 35' Tunis.
119 novellus Mars Ab. xiv 35'   Alg.
120 minyops Woll. Ab. i 354   Can.
121 erosus Woll. Ab. i 356   Can
122 nobilis Woll. Ab. i 350   Can.
123 disjunctus Solsky   Turcm.
124 Wollastoni Mars. Ab. i 353 Can.
    ignobilis Woll.

395. TERETRIUS Er.
7 cylindricus Woll. Ab. i 362 Tén.

398. ONTHOPHILUS Leach.
2 exaratus–Illig.   Méd.
    interruptus Ritt. Rép. 88 Oran.

398ᵃ. XENONYCHUS Woll.
1 fossor Woll. Ab. i 359 Can.Fuert.

401. ACRITUS Le C.
7 littoralis Ferr. Ab. vi 90 Venise.
8 rhenanus Fuss. Rép. 88   Rhin.
9 gemmula-Woll. Rép. 89   Gom.
10 homœopathicusWoll.Ab.i 363 Mad

PHALACRIDÆ.
402. PHALACRUS Payk.
5 seriepunctatus Bris. Rép. 90   Fˢ.
6 brunnipes Bris. Rép. 91   Fˢ.
8 striatulus Tourn. Ab. v 143 Helv.
9 minutus Tourn. Ab. v 143   Alp.

404. OLIBRUS Er.
15 florum-Woll. Rép. 91   Can.
16 anthemidis-Perr. Ab. xiii 7   Fˢ.
17 congener Woll. Rép. 92   Lanz.

18 subæreus Woll. Rép. 92   Can.
19 castaneus Baudi Rép. 93   Syr.
20 Baudueri Tourn.   F.
21 hispanicus Tourn.   E.

NITIDULIDÆ.
405. CERCUS Latr.
9 longipennis Murr.   Sibᵉ.
10 metallescens Schauf.   Baléar.

406. BRACHYPTERUS Kug.
15 unicolor-Knst.   Eurˢ.Syr.Nat.
    velatus-Woll. Rép. 94   Can.
23 aurosericeus Reit.   G.Dalm.
24 dilutitarsis Solsky   Turcm.
25 æneomicans Woll. Rép. 94 Gom.
26 curtulus Woll. Rép. 95   Can.

406ᵃ. HETEROBRACHIUM Woll.
1 longimanum Woll.Rép.95   Tén.

407. CARPOPHILUS Leach.
11 Triton Murr.   Sib.
12 tersus Woll. Rép. 96   Gom.
13 chalybeus Murr.   Sib.

408. IPIDIA Er.
3 integra Wankov. Rép. 96   AR.

409. EPURÆA Er.
2 diffusa-Bris. Rép. 97   F.
27 silesiaca Reit.   A.
28 fagi Bris.   FA.
29 nana Reit.   Eur.
    v. *binotata* Reit.
30 excisicollis Reit.   A.
31 Marseuli-Reit.   Sic.
32 parallela Reit.   A.
33 Fussi Reit.   A.
34 sericata Reit.   Tyr.
35 suturalis Reit.   A.
36 thoracica Tourn.   Helv.
37 Heeri Tourn.   Alg.

410. NITIDULA F.
7 latiplaga Solsky   Turcm.
8 maculosa Erm. Rép. 98   Alg.
19 castanea Sahl.   Mer Balt.

411. SORONIA Er.

2 oblonga-Bris. Rép. 99   F⁵.

416. MELIGETHES Steph.

17 angustatus Kust.   Transyl.
    liguricus Reit. Rép. 117   F⁵.
28 corvinus-Er.   FAAlp.
    ventralis Baudi Rép. 108   In.
58 metallicus-Rosh.   E⁵.
    varicollis Woll. Rép. 104 Mad.
    Ryei Woll. Rép. 104   Can.
66 punctatus-Bris. Ab. viii 28   FI.
    Brucki Reit. Rép. 136   Dalm.
67 brachialis Er.   FA.
    v. *dives* Reit. Rép. 111 Morav.
76 picipes-Sturm.   Eur. Alg.
    funebris Fœrst.
    ♂ *Saulcyi* Reit. Rép. 115.
107 foveifrons Reit. Rép. 101   A.
108 Fœrsteri Reit. Rép. 100 Croat.
109 epuræoides Reit.   A.
110 humerosus Reit. Rép. 102 Hong.
111 discolor Reit.   A.
112 subrubicundus Reit. Rép. 103 A.
113 virescens Woll. Rép. 104 Lanz. Gom
114 rhenanus Reit. Rép. 106   A.
115 Czwalinaï Reit. Rép. 105   Iⁿ.
116 moraviacus Reit. Rép. 107   A.
117 ranunculi Reit. Rép. 107   A.
118 alpigradus Reit. Rép. 109   Pyr.
119 Rosenhaueri Reit. Rép. 110 AR.
120 Lederi Reit. Rép. 111   Oran.
    Marmottani Bris. Ab viii 19 Alg.
121 hispanicus Reit. Rép. 112   E.
122 spinipes Reit. Rép. 112 Eur⁵. Chyp.
123 dalmatinus Reit. Rép. 113 Dalm.
124 Hoffmanni Reit. Rép. 113   A.
125 parallelus Reit. Rép. 114   E.
126 syriacus Bris. Ab. viii 20 Nat. Syr.
127 Gredleri Reit.   Tyr.
128 melancholicus Reit. Rép. 115 Pyr.
129 Letzneri Reit.   A.
130 Kirschi Reit. Rép. 116   A.
131 Diecki Reit. Rép. 116   Jura.

132 luctifer Reit. Rép. 118   Styr.
133 blandulus Reit. Rép. 119   A.
134 Milleri Reit. Rép. 120   A.
135 austriacus Reit. Rép. 120   FA.
136 tropicus Reit. Rép. 121 Eur⁵Afr⁵.
137 æstimabilis Reit. Rép. 122   A.
138 chalybeus Reit. Rép. 122   A
139 tener Reit.   Illy⁵.
140 Kraatzi Reit. Rép. 123   GNat.
141 Brisouti Reit. Rép. 124   E.
142 hypocrita Bris. Ab. viii 17   F.
143 solitarius Reit. Rép 125   E.
    subtilis Bris.
144 Krüperi Reit.   Natal.
145 xanthopus Solsky   Turcm.
146 vulpes Solsky   Turcm.
147 lutra Solsky   Turcm.
148 mellitulus Reit. Rép. 125   A.
149 Grenieri Bris. Ab. viii 7   F⁵.
150 Stierlini Reit.   Sic. Oran
151 ænescens Fairm. | Tunis.

417. POCADIUS Er.

2 Wadjelota Wank. Rép. 127 Lithuan.

418. XENOSTRONGYLUS Woll.

4 ovulum Fairm.   Tuns.

419. CYCHRAMUS Kugel.

4 alutaceus Reit.   Hong.
5 Henoni-Fairm.   Ag.

421. CYBOCEPHALUS Er.

2 æneus Reiche Rép. 129.   Alg.
7 micans Reit.   Egyp.
8 metallicus Baudi Rép. 128 Chyp.
9 seminulus Baudi Rép. 128 Chyp.
10 flaviceps Reit.   Egyp.
11 rufifrons Reit.   F⁵E.
12 atomus Gren. Rép. 130   E.
13 lævis Woll. Rép. 129   Can.
14 membranaceus Reit.   Egyp.

422. CRYPTARCHA Shuck.

6 bifasciata Baudi Rép. 130   Chyp.

423. IPS F.

5 grandis Tourn.   Cauc.
6 lævior Abeil. Per. Rép. 131   F⁵.

424. RHIZOPHAGUS Herbst.

11 bipustulatus-F.   Eur.
   *punctiventris*BaudiRép.133 Sard.
16 pinetorum-Woll. Rép. 132   Can.
17 subopacus Woll. Rép.133   Palm.
18 Brucki Reit.   Cauc.
19 similaris Reit.   Cauc.

TROGOSITIDÆ.

426. TEMNOCHILA West.

3 fascicollis Hampe Ab. IV 62   R^s.

427. TROGOSITA Ol.

2 turkestanica Ball.Rép.131 Turcm.

435ª. TARPHIUS Er.

1 Kiesenwetteri Heyd.   E.
2 angustulus Woll. Rép. 135   Mad.
3 lutulentus Woll. Rép. 136   Mad.
4 angusticollis Woll.Rép.136   Mad.
5 rugosus Woll. Rép. 137.   Mad.
   Wolfi Woll.
6 setosus-Woll. Rép. 137   Can.
7 humerosus Woll. Rép. 138   Can.
8 affinis-Woll. Rép. 138   Can.
9 abbreviatus Woll. Rép. 139   Can.
10 monstrosus-Woll. Rép. 139   Can.
11 Fairmairei Mars. Rép. 134   Alg.
   Wollastoni Fairm.
   humerosus Fairm.
12 oblongulus Fairm.Rép.135 Alg

436. ESARCUS Reiche.

1 Lepricuri-Reiche Rép. 141   Alg.

436a. ENTOXYLON Ancey.

1 Abeillei-Ancey Ab. VII 85   F^s.

338ª. OTHISMOPTERYX Thoms.
   Lado Wankov.

1 Jelskii Wankov. 142   S.
   carinatus Thoms.

442. AULONIUM Er.

3 sulcicolle Woll. Rép. 143   Can.

446a. CYPROGENIA Baudi.

1 denticulata Baudi Rép. 143 Chyp.

447ª. PROSTHECA Woll.

1 aspera Woll. Rép. 145   Mad.

448. PYCNOMERUS Er.

2 interstitialis Heyd.   E.

452. CERYLON Latr.

5 ætolicum Reit.   G.Cauc.
6 semistriatum-Per. Rép. 146   Alg.
   attenuatum-Fairm. Rép. 146.
7 evanescens Reit.   Transylv.
8 fagi Bris. Rép. 147   F.
   forticorne Muls. Rép. 148
9 atratulum Reit.   Hong.

CUCUJIDÆ.

459. LÆMOPHLŒUS Er.

17 abietis Wank. Rép. 151 Lithuan.
18 brevicornis Thoms. Rép. 153 S.
22 suffusus Woll. Rép. 152   Mad.
23 turcicus Grouv.   T.
24 juniperi Grouv.   FAE.
25 Perrisi Grouv.   F^s.

461. PEDIACUS Shuck.

1 depressus-Herbst. Rép. 151   FA.
   deplanatus-Woll. Ab. II 30   Can.
5 tabellatus-Woll. Rép. 154   Tén.

461ª. ALAOCYBA Fairm.

1 costipennis Fairm. Rép. 157 Alg.
   depressa Reit.

463. SILVANUS Latr.

8 nubigena-Woll. Rép. 154   Tén.

464. ÆRAPHILUS Redt.

8 ruthenus Solsky Ab. V 284   R^s.
9 corsicus Grouv.   Corse.
10 syriacus Grouv.   Syr.

464ª. ASTILPNUS Perris.

1 multistriolatus-Per.Rép.156 Bône.

466. CATHARTUS Reiche.

2 excisus Reit.   Eur.Mad.
3 fascipennis Reit.   Eur.

468. TELMATOPHILUS Heer.

6 longicollis Reit.   A.
7 rufus Reit.   F.
8 pumilus Reit.   A.

CRYPTOPHAGIDÆ.

470. SETARIA Muls.

1 sericea–Muls. Rép. 158 F³.

471ª. SPANIOPHÆNUS Reit.

1 amplicollis Bris. Rép. 167 E.

472. CRYPTOPHAGUS Herbst.

8 pilosus–Gyll. Eur.Amér.
 v. *punctipennis* Bris. Rép. 159.
12 lapidarius Fairm. F.
 montanus Bris. Rép. 160.
26 rufus Bris. Rép. 161 F.
29 cylindrus Kiesw. Eur.
 parallelus Bris. Rép. 162.
41 corticinus Thoms. Rép. 165 Eurⁿ.
58 gracilis Reit. Alp.
59 Skalitzkyi Reit. A.
60 maskarensis Reit. Oran.
61 Milleri Reit Morav.
62 Brucki Reit. Palest.
63 Brisouti Reit. Pyr.
64 axillaris Reit. Transylv.
65 Thomsoni–Reit. Eur.
66 obesulus Woll. Rép. 164 Lanz.
67 impressus Woll. Rép. 163 Tén.
68 niger Bris. Rép. 163 F.
69 Kraatzi Reit. Eurₙ.R.
70 nigricollis Reit. Cauc.
71 Heydeni Reit. A.
72 hespericus Woll. Rép. 165 Can.
73 dilaticollis Tourn. Helv.
74 impressicollis Tourn. Helv.
75 helveticus Tourn. Helv.
 v. *occidentalis* Woll.
76 ellipticus Woll. Rép. 163 (Mnionomus) Tén.
77 recticollis Solsky Turcm.
78 bactrianus Solsky Turcm.

472ª CRYPTOPHILUS Reit.

1 integer–Heer. Eur⁺.
 muticus Bris. Rép. 166.
2 Barnevillei Tourn. Sic.

472ᵇ. CNECOSOPHAGUS Reit.

1 Jekeli Reit. F⁼.

472ᶜ PHARAXONOTA Reit.

1 Kirschi Reit. Silésie.

472ᵈ HAPLOLOPHUS Friv.

1 robustus Morav.Rép.169 Hong.R³.

474. PARAMECOSOMA Curt.

2 villosa–Heer. Eur. Af⁼.
 pilosula Er.
 v *ocularis* Reit. Rép. 181. Oran.

476. ATOMARIA Steph.

5 Barani Bris. Rép. 172. F.Serv.
30 castanea Thoms. Rép 176 S.
36 gibbula–Er. F. Eur².
 v *hiemalis* Baudi. Rép. 178
 Hislopi Woll.
40 apicalis–Er. Eur
 v *clavicornis* Baudi. Rép. 179.
43 scutellaris–Mots. Eurˢ.
 humeralis Kr.
 canariensis Woll. Rép. 173.
53 pilosella Reit. A.
54 longicornis Thoms. Rép. 171. BS.
55 carpathica Reit. Hong.
56 puncticollis Thoms.Rép.173. SA.
57 planiuscula Reit. A. Serv.
58 herminea Reit. A. Hong.
59 bella Reit. SA.
60 atrata Reit. Eur.
61 Wollastoni Sharp. BA.
62 pumila Reit. A.
63 plicata Reit. A.
64 delicatula Tourn. F.
65 formosa Reit. Hong.
66 amplipennis Reit. Morav.
67 minutissima Tourn. Helv.
68 barbara Reit. Oran.

69 rubida Reit.   AI.
70 viennensis Reit.   A Serv.
71 morula Reit.   Tyr.
72 parvula Reit.   Illyr. I.
73 thorictoides Reit.   Toscane.
74 dilutella Solsky   Turcm.

476ᵃ. STERNODEA Reit.

1 Baudii Reit.   I.
2 Raddei Reit.   Cauc.
3 Weisei Reit.   Hong.
4 Lederi Reit.   Cauc.
5 Haroldi Reit.   Cauc.

477. EPISTEMUS Steph.

4 exiguus-Er.   Eur. Afr. Asic.
  ventrosus Baudi. Rép. 180
  v *lepidus* Hoch.

LATHRIDIDÆ.

478. LANGELANDIA Aubé.

2 exigua-Perris. Ab. vii 70   Fˢ Sard.
3 incostata-Perris. Ab. vii 70 Corse.
                                  Sard.

480. ANOMMATUS Wesm.

2 pusillus-Schauf.   FA.
  ? planicollis Fairm. Rép. 181
3 Vallombrosæ Dieck. Rép. 180   I.
4 Diecki Reit.   Corse.
5 Linderi Perris.   Nice.

481ᵃ. REITTERIA Leder.

1 lucifuga-Led. Rép. 182   Oran.

482. MEROPHYSIA Luc.

3 orientalis-Saulcy. Rép. 183   Nat.
4 carmelitana-Saulcy. Rép. 184 Palest
  ? minor-Baudi. Rép. 185
5 cretica Kiesw. Rép. 187 Crét. Nat.
6 lata-Kiesw. Rép. 186   G.
7 oblonga-Kiesw. Rép. 185 G. Nat.
8 foveolata-Baudi Rép. 183   Chyp.
9 sicula Kiesw. Rép. 187   Sic.
10 procera Reit.   Palest.

483. HOLOPARAMECUS Curt.

7 Lowei-Woll.   Eurˢ Afrⁿ.
  occultus Laed. Rép. 188   Chyp.
8 Saulcyi Baudi. Rép. 187   Chypr.
9 Ragusæ Reit.   Sic.

484. METOPHTHALMUS Mots.

2 Ragusæ Reit.   Sic.
3 ferrugineus-Woll. Rép. 189   Hierro.
4 encaustus-Woll. Rép. 189 Tén. Gom.

485. MIGNEAUXIA Duv.

2 Lederi-Reit.   Oran.
3 pinguis Aubé. Rép. 199   F.
4 villigera Mots.   Rˢ. Cauc

486. LATHRIDIUS Herbst.

5 angusticollis-Hum.   Eur. Sib.
  Pandellei Bris. Rép. 189
  tremulæ Thoms. Rép. 190
46 testaceus-Steph.   Eur.
  crenicollis Thoms. Rép. 192
48 ægyptiacus Mots.   Egypt.
49 Lederi Reit.   Oran
50 brevicollis-Thoms. Rép. 191 Eurⁿ. A.
51 carpathicus Reit.   A.
52 fungicola Thoms. Rép. 193   Eur.
53 Watsoni Woll. Rép. 193   Mad.
54 opacipennis Woll. Rép. 194 Tén.
55 parallelipennis Solsky   Turcm.
56 pilifer Reit.   Sic.
57 maritimus Mots.   Egypt.

Revelicreia Parris.

30 Genei-Aubé.   Sard. Corse.
  spectabilis-Perris. Ab. vii 12.
58 Heydeni Reit.   E.

487. CORTICARIA Marsh.

7 sylvicola Bris. Rép. 195   Pyr.
28 cylindrica-Manh.   Eur.
  v. *cribricollis* Fairm Rép. 195.
33 obscura Bris. Rép. 196   FA.
34 linearis Payk.   Eur.
  hirtella Thoms. Rép. 197
68 metallica Reit.   E.
69 olympiaca Reit.   G.

70 Diecki Reit. Tang.
71 pinicola Bris. Rép. 198 E.
72 augusta-Aubé.Rép.196 E.Pyr.Alg.
73 Eppelsheimi Reit. Styr.
74 amplipennis Reit. A. Morav.
75 Weisei Reit. Bohm.
76 Mannerheimi Reit. Eur^n. A.
77 delicatula-Woll. Rép. 198 Can.
78 rutila Mots. Egypt.
79 albipilis Reit. Corse. A.
80 moraviaca Reit. Morav.
81 ovalipennis Reit. Helv.
82 meridionalis Reit. Eur^s
 v. *fuscipennis* Mots.
83 cardiadera Fairm. Tunis.
84 subparallela Fairm. Tunis.
85 ooptera Fairm. Tunis.

488. DASYCERUS Brong.

4 elongatus Reit. E.

488ᵃ. MYCETOMYCHUS Friv.

1 macularis Fuss. Rép. 201 A.

489. MONOTOMA Herbst.

13 ferruginea-Bris. Rép. 202 Fˢ.
19 sericella Rottb. Rép. 201 Sic.

489ᵃ. DEROTOMA Reit.

1 Lederi Reit. Rép. 203 Oran.

491. MYCETÆA Steph.

2 Coquerelli Fairm. Rép. 204 Alg.

493. AGARICOPHILA Mots.

4 subaenea Reit. Cauc.

MYCETOPHAGIDÆ.

495. TRIPHYLLUS Latr.

3 colchicus Reit. Cauc.

496. LITARGUS Er.

3 trifasciatus-Woll. Rép. 205 Gom.

497. DIPLOCŒLUS Guér.

2 humerosus Reit. Cauc.

499. TYPHÆA Curt.

3 maculata-Perris. Rép. 205 E.Alg.
4 umbrata Baudi. Rép. 206 Iⁿ.

THORICTIDÆ.

501. THORICTUS Germ.

14 pubescens-Coye. Ab. vi 172 Syr.
15 sericesetosus Fmr. Rép. 207 Tang.
16 sulcicollisPerez.Arc.Rép.207 E.
17 circumflexus-Coye.Ab.vi 371. Syr.
18 dispar Baudi. Rép. 208 Chyp.
19 vestitus Woll. Rép. 209 Lanz.
20 longipennis-Coye.Ab.vi 372 Syr.

501ᵃ THORICTODES Reit.

1 Heydeni-Reit. Fˢ. Egyp. Alg.

DERMESTIDÆ.

505. DERMESTES Lin.

1 elegans Solsky Turcm.

506. ATTAGENUS Latr.

26 fulvipes Muls. Fˢ Corse.
27 stygialis-Muls. Fˢ Corse.
28 angustatus Ball.Rép.211.Turcm.
29 simulans Solsky Turcm.
30 byturoides Solsky Turcm.
31 distinctus Muls. IG. Alg.
32 fasciolatus Solsky Turcm.
33 bivittatus Muls. Fˢ. Syr.
34 suspiciosus Solsky Turcm.
35 rufipennis Muls I.
36 pictus Ball. Rép. 211 Turcm.

Telopes Redt.

37 Coquerelli Muls. Oran.
38 multifasciatus Woll.Rép.210.Can.
39 anthrenoides Woll. Rép. 110. Can
40 fasciatus Woll. Rép. 211 Can.
41 civetta Muls. Alg.
42 lynx Muls. Palest.

507. MEGATOMA Herbst.

3 conspersa Solsky. Turcm.
4 rufovittata Abeil. Per.Rép.212 Fˢ.
5 ruficornis Aubé. Rép. 213 Fˢ.

507ᵃ. MESALIA Muls.

1 Guillebelli Muls. Lyon.

508. HADROTOMA Er.

8 sulcata Bris. Rép. 213 — FE.
9 bifasciata Perris. Rép. 214 — Bône.
10 depressa Muls. — F^s.

509. TROGODERMA Latr.

3 testaceicornis Per. — F^s.
♂ *hieroglyphica* Abeil.P.Rép.215
10 fusicornis Muls. — F^s.
11 Costæ Muls. — I.
12 ornata–Solsky — Turcm.
13 albonotata Muls. — Pyr.
14 hirsutula Mnls. — Syr.

511. ANTHRENUS Geoff.

14 melanoleucus Solsky — Turcm.
15 funestus Muls. — FE.
16 delicatus Kiesw. — F^s.
17 Goliath-Muls. — Alg.
18 exilis Muls. — Egyp.
19 liliputanus Muls. — Egyp.
20 picturatus Solsky — Turcm.
21 flavidus Solsky — Turcm.
22 rufulus Solsky — Turcm.
23 leucogrammus Solsky — Turcm.
24 ochraceus Muls. — Syr.
25 minor–Woll. Rép. 217 — Can.
26 nocivus Muls. Rép. 216 — Alg.

BYRRHIDÆ.

515. SYNCALYPTA Steph.

6 integra Woll. Rép. 219 — Hierro.
7 granulosa Woll. Rép. 218 — Gom.
8 syriaca Baudi. Rép. 217 — Chyp.
9 Reichei Muls. Rép. 218 — Carinth.

516. CURIMUS Er.

6 petræus Gredl. Rép. 220 — Tyr.
7 submaculosus Fairm. — T.
8 asiaticus Solsky — Turcm.

517. BYRRHUS L.

19 decipiens–Fairm. Rép. 221 — Pyr.
25 4-fasciatus Muls. — F.
bilunulatus Muls. — Helv.

26 nigrosparsus Chevl. Rép. 221 — E.
27 Kiesenweteri-Muls. — Pyr.
28 similaris Muls. — F.
29 aurovittatus Muls. — I^n.
tuscanus Dohrn. — T. sic.

519. MORYCHUS Er.

5 variolosus Perr. Rép. 222 — E.
8 rufipes Muls. — E.
9 Piochardi Heyd. — E.

520. SIMPLOCARIA Curt.

6 striata Bris. Rép. 223 — E.

521. LIMNICHUS Latr.

8 emarginatus Muls. — F^s Alp.
9 murinus Baudi. Rép. 223 — Chyp.

522. BOTRIOPHORUS Muls.

2 venetus Ferrari. Ab. iv 129' — I^n.

GEORYSSIDÆ.

523. GEORYSSUS Latr.

6 siculus Ragusa — Sic.

PARNIDÆ.

524. PARNUS F.

1 fuscipennis Solsky — Turcm.

525. POTAMINUS Solsky.

2 longus Solsky — Turcm.

525ᵃ. HELICHUS Er.

1 asiaticus Solsky — Turcm.

527. ELMIS Latr.

8 carinatus Per. Rép. 226 — F^s.
15 subparallelus-Fairm. Rép. 227 — F.
21 Perezi Heydn. Rép. 224 — E.
22 Kirschi Gerard. Rép. 225 — A.
23 syriacus–All. Ab. v 466 — Syr.
24 Coyei–All. Ab. v 466 — Syr.
25 brevis Muls. — F
26 illum Fairm. Rép. 227 — Alg.

HETEROCERIDÆ.

531. HETEROCERUS F.

33 punctatus Bris. Rép. 228   E.
 senescens Kiesw. Rép. 230
34 aureolus Schiœdt.   S.
35 pictus Muls.   Sic.
36 funebris Schauf. Rép. 231   E.

PECTINICORNES.

532. LUCANUS L.

9 laticornis Deyr. Rép. 231   Armén.

534. PLATYCERUS Geof.

2 cribratus Muls. Rép. 232   F.

LAMELLICORNES.

COPRIDÆ.

539. GYMNOPLEURUS Illig.

3 Mopsus-Pall.   Eur⁵.
 v. *obtusus* Muls. Rép. 234 Alp.
13 æruginosus Har. Rép. 233 Egyp.
14 aciculatus Gebl.   Sib.
 violaceus Ball. Rép. 234.

543. ONITIS F.

15 Haroldi Ball. Rép. 235   Turcm.
16 sterculius Ball. Rép. 235 Turcm.

544. ONTHOPHAGUS Latr.

6 merdarius Chevl. Rép. 237   E.
28 nebulosus-Reiche Rép. 236 Egyp.
50 furciceps-Mars. Ab. vi 379 Syr.
51 sticticus-Har.Rép.236 Oran Egyp.
52 speculifer Solsky   Turcm.
53 leucomelas Solsky   Turcm.
54 pygargus Mots.   Sib.
 saiga Ball. Rép. 236   Turcm.
55 Haroldi Ball. Rép. 238   Sib.
56 Heydeni Har.   Mésop.
57 pulicarius Har.   Syr.

545. ONITICELLUS Serv.

3 pallipes-F.   Eur⁸.
 v. *Revelicrci*-Muls.Rép.238 Corse.

545ᵃ. COPTOCHIRUS Har.

1 singularis Har. Rép. 240   TSyr.
 cyprius Baudi (Euparia).

546. APHODIUS Illig.

141 frater Muls. Rép. 241   Syr.
142 latipunctatus Gredl.Rép.242 Tyr.
143 intermedius Ball.Rép.243 Turcm.
144 Perezi Har. Rép. 243   E⁸.
145 nitidus Ball. Rép. 245   Turcm.
146 sordescens Har. Ab. v 431   Sib.
147 lepidulus Har. Rép. 244   Syr.
148 ornatulus Har. Rép. 245   Nat.
149 turbatus Baudi Rép. 246   Chyp.
150 politus Muls. Rép. 257   Syr.
151 nitens Muls. Rép. 254   Bône.
152 orophilus Muls. Rép. 258 Cauc.
153 stercorarius Muls.Rép.259 Mésop
154 ephippiger Muls. Rép. 260 Arab.
155 signifer Muls. Rép. 261   Syr.
156 Haagi-Beck.   GR⁸.
 Kraatzi Har. Rép. 247.
157 cervorum Fairm.   F.
158 nigrivittis Solsky   Turcm.
159 magicus Fairm.   Tunis.
160 cinereus Muls. Rép. 251   Sic.
161 hypocrita Muls. Rép. 256   N.
162 angulosus Har. Ab. v 432 Palest.
163 hilaris Har. Ab. v 433   Perse.
164 Diecki Har. Rép. 247   E.
165 forcipatus Har. Rép. 248   Alg.
166 Kisilkumi Solsky   Turcm.
167 tæniatus Woll. Rép. 248   Can.
168 Solieri Muls. 249   F⁸.
169 badius Muls. Rép. 250   E.
170 bæticus Muls. Rép. 249   E⁸.
171 gregarius Har. Rép. 252   R⁸.
 maculicollis Ball.Rép.253 Turcm
172 sabulicola Thoms Rép. 250.   S.
173 syriacus Muls. Rép. 254   Syr.
174 semipellitus Solsky   Turcm.

175 lunifer Solsky   Turcm.
176 circumductus Solsky   Turcm.

177 Heydeni Har. Rép. 256   E.

178 laticollis Baudi Rép. 256   Alp.
179 Edgardi Solsky   Turcm.

180 præustus Ball. Rép. 245 Turcm.

547. AMMŒCIUS Muls.

10 frigidus Bris. Rép. 265   F.
11 discolor Solsky   Turcm.

547ᵃ MENDIDIUS Er.

1 lævicollis Har. Rép. 263   Egyp.
2 bidens Solsky   Turcm.
3 curtulus Har. Rép. 265   Sib.

547ᵇ. ATÆNIUS Har.

1 horticola Har. Ab. v 429 . T. Nat.
2 simplicipes Muls. Rép. 263   F.

548. RHYSSEMUS Muls.

7 Marqueti Reiche Rép. 266   Fᵃ.

550. PSAMMODIUS Latr.

11 poricollis Fairm. Rép. 267   Alg.
12 lævistriatus Perris Ab.vii 13 Sard.
13 basalis Muls. Rép. 268   Fᵃ.
14 costatus Stierl. Ab. iv 186   Rᵃ.
15 variolosus Kolen.   Cauc.
    foveicollis Ball. Rép. 267   Sib.
16 Alleonis Fairm.   T.

551. ÆGIALIA Latr.

4 desertorum Fairm. Rép. 269 Alg.
5 punctata Har. Rép. 270   Egyp.
6 Marmottani Fairm. Rép. 270 Alg.

HYBALIDÆ.

554. HYBALUS Brul.

8 subcornutus Fairm. Rép. 271 Maroc.
9 Benoiti Tourn. Ab. vi 364   Sic.

556. OCHODÆUS Lepel.

5 cornifrons Solsky   Turcom.

GEOTRUPIDÆ.

558. BOLBOCERAS Kirby.

5 Radoszkovskii Solsky   Turcm.

560. GEOTRUPES Latr.

31 escorialensis-Jekel   E.
34 stercorarius-L.   Eur.
    putridarius Er.
35 spiniger-Marsh.   Eur.
    mesoleius Thoms.   S.
35ᵃ foveatus-Marsh.   Eur.
    impressus Gebl.   Sib.
    Murrayi Ball. Rép. 273.
46 matutinalis Baudi Rép. 271 Sard.
47 asperifrons Fairm. Rép. 272 Nat.
48 rugatulus-Jek.   Alg.
49 punctulatus Jek.   Nat.
50 epistomalis Muls. Rép. 273   F.

561. LETHRUS Scop.

2 scoparius-Fisch.   Sib.
    v. *Heydeni*-Fairm.Rép.279 Cauc.
3 brachiicollis Fairm.   T.
    *macrognathus*Fairm.Rép.278Syr.
6 politus Solsky   Turcm.
    aculangulus Ball. Rép. 277.
7 turkestanicus Ball. Rép. 278 »
    v. *microbucis* Ball. Rép. 276 »
    v. *rosmarus* Ball. Rép. 276 »
8 lævigatus Ball. Rép. 277   »
    v.*impressifrons*Ball.Rép.276 »
    v.*bituberculatus*Ball.Rép.275 »
9 crenulatus Gebl.   Kirg.
    ♀ *pygmæus*Ball.Rép.275Turcm.
10 tuberculifrons Ball. Rép. 275 »
    breviceps Ball. Rép. 275

TROGIDÆ.

562. TROX F.

6 transversus-Reiche   TC.Syr.
    græcus Muls. Rép. 281.
11 granulipennis-Fairm.   Mad.Sib.
    confluens-Woll. Rép. 260   Tén.
    v.*4-maculatus*Ball.Rép.282Turcm

16 Eversmanni-Kryn.   AEI.
  concinnus Er.   Turcm.
  Perrisi Fairm. 280   Alg.
17 desertorum Har.   Egyp.Arab.
18 niloticus Har.   Egyp.
19 procerus Har.   Egyp.Arab.
20 barbarus Har.   Syr.Afrⁿ.

GLAPHYRIDÆ.

564. GLAPHYRUS Latr.

 3 comosus-Har. Ab. vi 10   Palest.
14 syriacus-Har. Ab. vi 15   Palest.
15 Rothi Har. Ab. vi 20   Palest.

565. AMPHICOMA Latr.

20 analis Solsky   Turcm.
21 dubia Solsky   »
22 clypeata Solsky   »
23 Kukaschewitschi Ball.Rép.282 »

MELOLONTHIDÆ.

567. HOPLIA Illig.

24 pilifera Desb. Ab. vii 98   Nat.
25 Ramburi-Heyd.   E.
26 detrita Solsky   Turcm.

568. HYMENOPLIA Esch.

10 lata-Heyd.   E.
11 angusta-Heyd.   E.
12 estrellana-Heyd.   E.

569. TRIODONTA Muls.

13 Raymondi-Per. Ab. vii 15   Sard.

571. SERICA Mc Leay.

 9 Ariasi Muls. Rép. 283   E.
10 arenicola Solsky   Turcm.
11 fusca Ball. Rép. 283   Turcm.
12 Renardi Ball. Rép. 283   Turcm.

571ᵃ. OXYCORYTHUS Solsky.

 1 Morawitzi Solsky   Sib.

574ᵃ. OOTOMA Blanch.

 1 integra Woll. Rép. 284   Can.
 2 obscurella Woll. Rép. 284   Hierro.

573. PACHYDEMA Cast.

35 decipiens Fairm.Rép.285 Maroc.
36 aphodioides Fairm.Rép.287 Nat.
37 lanata Chevl.   Syr.
38 distinguenda Fairm.Rép.287 Alg.
39 oranianensis Luc.Rép.288 Algⁿ.
40 Lessepsi Luc. Rép. 286   Egyp.
41 Doriæ Fairm.   Tunis.
42 Coyei-Mars. Ab. vi 380   Syr.
43 Marmottani Fairm.Rép.289 Alg.
44 Cartereaui Fairm.Rép.289 Alg.
45 opaca Ball. Rép. 285   Sib.

577. RHIZOTROGUS Latr.

 69 neglectus-Perez Rép. 303   E.
 99 obscurus-Reiche Rép. 304 Alg.
105 Olcesi-Latr. Rép. 290   Maroc.
106 asperiventrisFairm.Rép.291Algᵉ.
107 nitidiventris Fairm.Rép.294 Alg.
108 sordescens Fairm.Rép.295 Marcc
109 læviscutatus Fairm.Rép.296 Alg.
110 politus-Fairm. Rép. 297   Alg.
111 holoxanthus Fairm.Rép.298 Alg.
112 tenuispina Fairm. Rép. 293 Algᵉ.
113 Reichei Muls. Rép. 302   F
114 pallescens Fairm. Rép. 294 Alg.
115 marginiceps Fairm.Rép.292 Alg.
116 stigmaticollis Fairm.Rép,292Alg.
117 signatitarsis Chevl. Rép. 299 E.
118 sassariensis-Perris Ab.vii14 Sard
119 procerus Baudi Rép. 297 Apen.
120 lepidus-Schauf. Rép. 300 Baléar
121 vexator Schauf.Rép.300 Baléar
122 alicantinus Dieck   E.
123 nitens Baudi Rép. 305   Chyp.
124 castanopterus Fairm.Rép.301Alg.
125 brunneus Fairm. Rép. 301 Alg.
126 cantabricus-Heyd.   E.
127 Myschenkovi Ball.Rép.306 Turc n
128 glabripennis Ball.Rép.307Turcm.
129 hispidus Ball. Rép. 307 Turcn.
130 grandicornis Ball.Rép.307Turcn.

578. ANCYLONYCHA Blanch.

 3 dilaticollis Ball. Rép. 308 Turcm.

578ª. PECTINICHELUS Ball.

1 rhizotrogoides Ball. Rép. 308 Sib.

579. APLIDIA Hop.

6 pruinosa Baudi Rép. 309 Chyp.

580. ANOXIA Curt.

16 cingulata-Mars. Ab. v 173 Syr.
asiatica Desb. Syr.
17 detrita Fairm. Tunis.

581. POLYPHYLLA Harris.

6 mauritanica Luc. Rép. 310 Alg.
7-*foliata* Desb.
7 pulverea Ball. Rép. 310 Turcm.

582. MELOLONTHA F.

7 spathulata Stev Ball. Rép. 311 Turcm
8 afflicta Ball. Rép. 310. Turcm.

582ª. EUROPTRON Mars.

1 gracile-Mars. Ab. iv ℓ ℓ' Alg.

ANOMALIDÆ.

586. ANOMALA Burm.

20 ferruginea-Mars. Ab. iv 36' Alg.
21 subaurata Ball. Rép. 312 Sib.
22 pedemontana Tourn. Ab. vi 365 I.
23 sublucida Ball. Rép. 311 Sib.
dubia Ball. Rép. 311.
24 pallidiventris Gaut. Ab. xiv 19 Rˢ.

587. PHYLLOPERTHA Steph.

3 algirica-Reiche Rép. 313 Alg.
10 arenicola Muls. Rép. 312 Rˢ.
11 asiatica Ball. Rép. 313 Turcm.
12 variabilis Ball. Rép. 313 Turcm.
13 Oberthuri Fairm. Rép. 314 Alg.

588. ADORETUS Cast.

8 Kœcklini-Mars. Ab. iv 80' Alg.
9 pruinosus Ball. Rép. 315 Turcm.

589ª. POPILIA Latr.

1 Bogdanovi Ball. Rép. 315 Turcm.

ORYCTIDÆ.

592. PENTODON Hope.

11 dubius Ball. Rép. 315 Turcm.
12 affinis Ball. Rép. 316. Turcm.
13 humilis Ball. Rép. 316. Turcm.

594ª. COPTOGNATHUS Burm.

1 Lefranci-Muls. Rép. 316 Alg.

596. ORYCTES Illig.

3 prolixus Woll. Rép. 317 Can.

597. CETONIA F.

2 squalida-L. Eurˢ.
v. *Lethierryi* Reiche Rép. 318 Alg.
59 Doriæ Reiche Rép. 319 Syr.
60 Athalia Reiche Rép. 319. Syr.
subpilosa Desb. Ab. vii 98.
61 Judith Reiche Rép. 320 Syr.
62 marginicollis Ball. Rép. 321 Turcm.
63 conspersa Ball. Rép. 321 Turcm.
64 æmula Ball. Rép. 321 Turcm.
65 interruptocostata Ball. Rép. 321 »
66 magnifica Ball. Rép. 322 Turcm.

STERNOXES.

BUPRESTIDÆ.

604. JULODIS Esch.

51 mucescens Dohrn Palest.
52 Kauffmanni Ball. Rép. 322 Turcm.
53 Kerimi Fairm. Tunis.

606. BUPRESTIS L.

9 Marseuli-Garb. Ab. iv 67' Egyp.

608. CAPNODIS Esch.

11 metallica Ball. Rép. 323 Turcm.
12 parum striata Ball. Rép. 323 Turcm.
13 6-maculata Ball. Rép. 313 Turcm.

615. MELANOPHILA Esch.

7 Marmottani-Fairm. Rép. 325 Alg.
8 anthaxioides Marq. Ab. vii 360 FˢE.
9 oxyura Marq. Fˢ.
10 Legrandi Muls. Rép. 324 Alg.

617. ANTHAXIA Esch.

9 viminalis-Cast.   Médit.
  ditescens Abeille Rép. 326   F^s.
61 Bonvouloiri-Abeille Rép. 325 Bône.
62 Gerneti Morav. Ab. v 295 lac Aral.
63 acutiangula Mots. Rép. 327   Sib.
64 helvetica-Stierl Ab. vii 220   Alp.
65 4-foveolata Solsky Rép. 328 lac Baïk
66 Apollonii Ball. Rép. 329   Turcm.
67 auriventris Ball. Rép. 329 Turcm.

618. POLYCESTA Sol.

2 Cottyi Fairm. Rép. 329   Alg.

621. ACMÆODERA Esch.

9 bijuga Mars. Rép. 333   Chyp.
  v. *cisti*-Woll.   Cau.
60 rufocincta Baudi Rép. 330   Chyp.
61 confluens Baudi Rép. 331   Chyp.
62 4-faria Baudi Rép. 333   Chyp.
63 placida Baudi Rép. 334   Chyp.
64 despecta Baudi Rép. 335   Chyp.
65 dubia Ball. Rép. 334   Turcm.
66 Montilloti Raffr.   Alg.

622. SPHENOPTERA Sol.

89 Pelleti Muls. Rép. 336   Crimée.
90 Henoni Fairm. Rép. 337   Alg.
91 minutissima Desb.   E.
92 impressifrons Fairm.   Tunis.
93 coræbiformis Fairm.   Tunis.

624. CORÆBUS Cast.

20 cyaneus Ball. Rép. 337   Sib.

725. AGRILUS Sol.

13 cæruleus-Rossi   Eur.
  sulcaticeps Abeille Rép. 338 Alg.
59 viridicærulans-Mars. Ab. v 175 Syr.

628. TRACHYS F.

12 Barnevillei Tourn. Ab. v 145   Alg.
13 fragariæ-Bris.   F.
14 Marseuli-Bris.   F.
15 quercicola Mars Ab. viii 414 Savoie.

629. APHANISTICUS Latr.

8 Marseuli-Tourn. Ab. v 144   Egyp.

THROSCIDÆ.

630. THROSCUS Latr.

11 latiusculus Woll. Rép. 339   Can.
12 elongatulus Woll. Rép. 340   Can.
13 integer Woll. Rép. 340   Had.
14 similis Baudi Rép. 340   I.
15 Dohrni Bohe   R^s.
16 Bonvouloiri Desb.   Syr.

631. DRAPETES Redt.

2 flavipes Baudi Rép. 341   Chyp.

EUCNEMIDÆ.

634. THAROPS Cast.

3 Marmottani Bonv.   F.

635ª. THAMBUS Bonv.

1 Friwaldskyi Bonv.   Slavon.

636. DROMÆOLUS Kiesw.—

2 maronita Bonv.   Taurus.

637. MICRORHAGUS Esch.

9 pyrenæus Bonv.   Pyr.

643. PHYLLOCERUS Lepell.

2 longipennis Ferrari Ab. vii 154 Cauc.

ELATERIDÆ.

648. AGRYPNUS Esch.

2 persicus Cand.   Perse.

649. ADELOCERA Latr.

8 drusa-Mars. Ab. vi 380   Syr.
9 unicolor Cand.   Perse.
10 Candezei Desb.   Syr.
11 Bruleriei Desb.   Liban.

650. LACON Cast.

4 argillaceus Solsky Rép. 342   Sib.
5 pygmæus Baudi Rép. 343   Chypr.

651ª. TETRIGUS Cand.

1 cyprius Baudi Rép. 344   Chyp.

653. HETERODERES Latr.

10 biskrensis Desbr.   Alg.
11 approximatus Desb.   Syr.

657. ELATER L.

4 lythropterus-Germ.   Eur.
    v. *satrapa* Kiew. Rép. 345.
    dibaphus Schiœdte.
28 coccineus Schiœdte   Dan.
29 pulcher Baudi Rép. 346   Chyp.
30 cuneiformis Hampe Rép. 347 Styr.
31 fulvago Mars. Ab. v 176   Syr.

661. CRYPTOHYPNUS Esch.

28 propinquus Desb. Ab. vii 106 Corse.
29 pallicrus Desb.   Syr.

661a. COPTOSTETHUS Woll.

1 crassiusculus Woll. Rép. 349 Can.
2 brunneipennis Woll. Rép. 350 Can.
3 gracilis Woll. Rép. 350   Can.
4 obtusus Woll. Rép. 351   Tén.

662. CARDIOPHORUS Fsch.

61 caucasicus Desb.   Cauc.
62 maculicrus Desb. Ab. vii 100 Corse.
    v. *Beloni* Desb.
63 hipponensis Desb. Ab. vii 102 Alg.
64 amulicornis Desb.   E^s.
65 maurus Desb.   Alg.
    mauritanicus Desb. Ab. vii 103 Alg
66 concolor Desb.   R^s.
67 ænescens Desb.   Alg.
68 antennalis Desb.   Palest.
69 breviatus Desb.   Helv.
70 pusillus Desb. Ab. vii 103 Corse.
71 Lethierryi Desb.   Alg^e.
72 insiguis Desb.   Syr.
73 Senaci Desb. Ab. vii 104   T.
74 conformis Desb.   Egyp.
75 variatus Desb.   Syr.
76 ovipennis Desb.   Chyp.

663. MELANOTUS Esch.

25 cuneiformis Baudi Rép. 352 Chyp.
26 picticornis Heyd.   E.
    Hidalgoï Perez-Arcas.

665. ATHOUS Esch.

18 strictus-Reiche Rép. 363 Pyr^e.
31 corsicus-Reiche Rép. 357 Corse.

42 Peragalloi-Reiche Rép. 370 Alp.
47 Ecoffeti Reiche Rép. 373   F^s.
62 uncicollis Perris Rép. 378   E.
68 florentinus Desbr. Ab. vii 114 I.
69 impressifrons Hampe Rép. 354 Croa
70 deflexus Thoms. Rép. 355   S.
71 porrectus Thoms. Rép. 379   S.
72 nigerrimus Desb. Ab. vii 106 Alp.
73 æneithorax Desb. Ab. vii 108   A.
74 oblongus Solsky Rép. 355   Sib.
75 murinus Reiche Rép. 357 Cévennes
76 nigricornis Bris. Rép. 359   E.
77 conicicollis Desb. Ab. vii 107 Alp.
78 pallidipennis Desb. Ab. vii 110 Alp.
79 austriacus Desb. Rép. 360   A.
80 curtulus Desb. Rép. 360   N...
81 vicinus Desb. Rép. 361   N...
82 rubrotestaceus Desb. Rép. 358 E.
83 depressifrons Desb. Ab. viii 113 Cors
84 debilis Reiche Rép. 362   E.
85 distinctithorax Desb. Rép. 361 E.
86 Grandini Desb. Ab. vii 111   F^s.
87 sinuaticollis Desb. Ab. vii 112
                Mt Dore.
88 brevicornis Desb. Rép. 363 Corse.
89 Raffrayi Desb. Rép. 364   Alg.
90 Reynosæ Bris. Rép. 365   E.
91 Leprieuri Desb.   Alg.
92 cyprius Baudi   Chyp.
93 Perrisi Desb. Rép. 366   Corse.
94 acutangulus Fairm. Rép. 368 Nat.
95 semirufus Desb. Rép. 356   Alp.
96 Chamboveti Muls. Rép. 368 Mt Pilat
97 crenatostriatus Reiche Rép. 369 F^s
98 4-collis Desb. Ab. vii 134   F^e.
99 obtusifrons Desb. Rép. 370 Alp.
100 Lavergnei Reiche Rép. 371   I.
101 Delphinas Reiche Rép. 372 Alp.
102 lateralis Bris. Rép. 372   E.
103 Bonvouloiri Reiche Rép. 374 Pyr.
104 interstitialis Desb. Rép. 366 F^e.
105 corticeus Fairm. Rép. 367 Maroc
106 tenuis Bris. Rép. 375   E.
107 elongatus Bris. Rép. 376   E^s.
108 herbigradus Muls.   F^e.

109 thessalonicus Reiche Rép. 377 G.
110 fallax Desb. Ab. vii 115   Alp.
111 agnathus Reiche Rép. 377   Alp.
112 oblongicollis Desb. Rép. 378 Alp.
113 limoniiformis Cand.   Toscan.
114 transcaucasicus Stierl.   Cauc.
115 villosulus Desb.   Corse.
116 epirus Stierl.   T.

666. CORYMBITES Datr.

42 pyrenæus-Charp.   Pyr.
    Kiesenwetteri Bris. Rép. 381 E.
43 nivicola-Kiesw.   E.
    tibiellus Chevl. Rép. 382.
44 Putoni Desbr.   F.
45 Paulinoï Desb.   Port.

667. DIMA Esch.

3 Perezi-Seidl. Rép. 382   E.
    dima (Celox) Schauf.

669. LUDIUS Latr.

3 luctuosus Solsky Rép. 383   Sib.

670. AGRIOTES Esch.

33 nuceus Fairm. Rép. 384   Nat.
34 infuscatus Desb. Ab. vii 117 Cauc.
35 hispanicus Desb. Rép. 385   E.
36 italicus Baudi Rép. 385   I.
37 radula Desb.   Syr.
38 carinifrons Desb.   Cauc.

674. SILESIS Cand.

3 concolor Desb.   Syr.

675. ADRASTUS Esch.

8 turcicus Stierl. Ab. iv 17'   AT.

MALACODERMES.

CEBRIONIDÆ.

681. CEBRIO Ol.

5 Seoanei Perez. Rép. 387   F.
17 cordubensis-Perez Rép. 392 E.

41 carbonarius Chevl.   E.
42 insularis Chevl.   Mt Lissina.

43 semiflavus Chevl.   G.
44 fossulátus Perris Rép. 388 Corse
45 varicolor-Perris Ab. vii 17 Corse

46 sulcicollis-Chevl.   Alg.
47 xanthognathus Chevl.   Alg.
48 basicornis-Chevl.   Alg.
49 tibialis Chevl.   Oran.
50 marginipennis Fairm. Rép. 397
                     Alg.
51 semimarginatus Chevl.   Bône.
52 fusciventris Chevl.   Bône.
53 rugecostatus Chevl.   Bône.

54 pallidipennis Chevl.   Alg.
55 semistriatus Chevl.   Alg.
56 sardous Perris Ab. vii 26   Sard.
57 Getschammi Chevl.   E³.
58 bouçadensis Chevl.   Alg.
59 decipiens Fairm. Rép. 395 Alg.
60 deformis Chevl.   Oran.

61 collaris Fairm.   Alg.
62 Fairmairei Raffr.   Alg.
63 xanthoderes Fairm. Rép. 396 Alg.
64 cincticollis Chevl.   Alg.

65 rufangulus Chevl.   Alg.
66 consimilis Chevl.   Alg.
67 conformis Chevl.   Alg.
68 erythrogonus Chevl.   Alg.
69 Poupillieri Chevl.   Alg.
70 lanuginosus Chevl.   Alg.
71 rubrocinctus Chevl.   Alg.

72 carinicollis Chevl.   Alg.
73 divisus Chevl.   Alg.
74 bipartitus Chevl.   Alg.
75 distinguendus Fairm. Rép. 395 »
76 pilifrons Fairm. Rép. 394 Maroc.
77 juvencus Chevl.   Bône.
78 impressifrons Fairm. Rép. 400 »
79 picipennis Chevl.   Alg.
80 cinctiventris Chevl.   Alg.
81 erythropterus Chevl.   Alg.
82 spurcaticollis Fairm. Rép. 402 Alg.
83 constantinensis Chevl.   Bône.

84 latericollis Chevl.   Alg.
85 maculentus Chevl.   Oran.
86 intermedius-Chevl.   Alg.
87 costicollis Fairm.Rép.393 Tanger
88 deformis Chevl.   Alg.
89 infuscatus Chevl.   Alg.
90 quadraticollis Chevl.   Alg.
91 Reichei Fairm. Rép. 391   Oran.
92 muticus Chevl.   Oran.

93 obtusangulus Fairm.Rép.390 Alg
94 segmentatus Chevl.   Mogad.
95 impressicollis Chevl.   E.
96 antennatus Chevl.   G.
97 dubitabilis Fairm. Rép. 403 Alg.
98 coxalis Chevl.   Alg.
99 obscuriceps Chevl.   Bône.
100 Saintpierrei Chevl.   Oran.
101 melas Fairm. Rép. 390   Alg.
102 aterrimus Chevl.   Bône.
103 ventralis Chevl.   Alg.
104 scutellaris Fairm.Rép. 401 Alg.
105 numida Fairm. Rép. 389   Alg.
106 xanthopus Fairm.Rép.398 Tanger
107 crassus Fairm. Rép. 399   Alg.
108 patruelis Fairm.Rép.399 Tanger.
109 longipennis Fairm.Rép.389 Alg.
110 compactilis Chevl.   Alg.
111 luctuosus Fairm. Rép. 391 Alg.
112 catoxanthus Chevl.   Bône.
113 Levaillanti Chevl.   Bône.
114 oranensis Chevl.   Oran.
115 anthracinus Chevl.   E.

116 atriceps Chevl.   Alg.
117 nigriceps Fairm.   Alg.
118 Ernesti Chevl.   Oran.
119 laticornis Chevl.   Alg.
120 annulicornis Chevl.   Alg.
121 grandipennis Fairm.Rép.402 Alg.
122 filicornis-Fairm.   Alg.
123 capitatus-Fairm. Rép. 396 Alg.
124 transversalis Chevl.   Bône.
125 atricapillus Chevl.   Alg.
126 humerosus Chevl.   Alg.

127 luteolus Fairm.   Alg.
128 comptus Chevl.   Alg.
129 geminus Chevl.   Oran.
    numidicus Fairm.
130 pachycephalus Chevl.   Alg.
131 geniculatus Chevl.   Alg.
132 amplicollis Fairm. Rép. 397 Alg.
133 angusticornis Fairm.   E^s.
134 personatus Chevl.   E^s.

135 Bruleriei Dieck.   Port.
136 puberulus Chevl.   E.

137 malaccensis Dieck.   E.
138 pubicornis Fairm. Rép.388 Port.
139 parvicornis Dieck.   E^s.
140 tarifensis Dieck.   E^s.
141 falsicolor Perr.Rép. 403   Alg.

CYPHONIDÆ.

684ª. PSEUDODACTYLUS Hampe.
1 cribratus Hampe Rép. 404   I^s.

685. HELODES Latr.
9 scutellaris Tourn.   E.
10 elongata Tourn.   Alp.
11 Kiesenwetteri Tourn.   Carn.
12 nigripennis Tourn.   T.
13 Bonvouloiri Tourn.   Alp.
14 Tournieri Kiesw. Rép. 405 Sard.
15 chrysocomes Abeille Rép. 406 F^s.

687. CYPHON Payk.
16 gracilicornis-Woll.Rép.406 Can.
17 ruficeps Tourn.   Helv.
18 elongatus Tourn.   Helv.
19 puncticollis Tourn.   Alpes.
20 intermedius Tourn.   Alp.Dalm.
21 grandis Tourn.   Alp.
22 lævipennis Tourn.   Jura.
23 hydrocyphonoides Tourn.   I^s.
24 Barnevillei Tourn.   Helv.
25 siculus Tourn.   Sic.
26 suturalis-Tourn.   Alpes.
27 impressus Kiesw. Rép. 407 Sard.

689. HYDROCYPHON Redt.
3 pallidicollis Raffr.   Alg.

LYCIDÆ.

693, DICTYOPTERUS Latr.
2 porphyrophora Solsky Rép.407 Sib.

694. EROS Newm.
8 decipiens–Mars. Ab. xiv 42'   E.
9 erythropterus Baudi   R⁵.

695. OMALISUS Geoff.
5 taurinensis Baudi   R⁵.

LAMPYRIDÆ.

696. LAMPYRIS Geoff.
30 obtusa Fairm. Rép. 409   Tang.
31 maculicollis Fairm. Rép. 409 Syr.
32 berytensis Fairm. Rép 410   Syr.
33 insignis Ancey Ab. vii 86 Liban.
34 algerica Ancey Ab. vii 87   Alg.
35 morio Baudi   I.
36 attenuata Fairm.   Tunis.
37 syriaca Baudi Rép. 411   Syrie.

697ᵃ. PHOSPHÆNOPTERUS Schauf.
1 Metzneri Schauf.   Port.

DRILIDÆ.

699ₐ. PARADRILUS Kiesw.
1 opacus–Kiesw. Rép. 413   E.

699. DRILUS Ol.
6 posticus Schauf.   Syr.
7 bicolor Schauf.   Syr.
8 frontalis Schauf.   Nat.
9 rectus Schauf.   Syr.
10 amabilis Schauf.   Minorq.

700. MALACOGASTER Bassi.
3 tilloides Woll. Rép. 413   Fuert.
4 rufipes Baudi Rép. 414   Chyp.
5 Bassii Luc.   Alg.
6 Truquii Baud.Rép. 415   Chyp.
7 nigripes Schauf.   E.

TELEPHORIDÆ.

702. TELEPHORUS Schæf.
86 longitarsis Pand. Rép. 416 Pyr

87 cornix Abeille Rép. 417   Alp.
88 instabilis Kiesw. Rép. 418   E.
89 Seidlitzi Kiesw. Rép. 419   E.
90 darwinianus–Sharp.Ab.vi 115 B.
91 Teinturieri Muls. Rép. 419 Alg.
92 francianus Kiesw. Rép. 420 E.
93 scoticus Sharp. Ab. vi 116   B.
94 Paulinoi Kiesw.   E.
95 submarginalis Ball. Rép. 421
             Turcm.
96 raptor Ball. Rép. 421   Turcm.
97 tenuelimbatus Ball. Rép. 421 »
98 biplagiatus Ball. Rép. 422   »
99 Picciolii Ragusa Rép. 422   I.
100 Chapelieri Reiche   Alg.

703. ABSIDIA Muls.
4 angularis Thoms.   S.

704. RHAGONYCHA Esch.
53 Kuleghana–Mars. Ab. v 177 Syr.
54 gracilis Pand. Rép. 422   Pyr.
55 patricia–Kiesw. Rép. 423   E.
56 heteronota Pand. Rép. 424 Pyr.
57 sareptana–Mars. Ab. v 178   R⁵.
58 oliveti Kiesw. Rép. 424   E.
59 genistæ–Kiesw. Rép. 425   E.
60 querceti–Kiesw. Rép. 426   E.
61 Scopolii Gredl. Rép. 427   Tyr.
62 convexicollis Fairm.   Tunis.

MALTHINIDÆ.

708. MALTHINUS Latr.
3 facialis Thoms. Rép. 428   S.
19 Kiesenwetteri Bris. Rép. 429 F⁵.
30 armipes Kiesw Rép. 427   Sard.
31 læsus Kiesw. Rép. 428   I.
32 sordidus Kiesw. Rép. 428   I.
33 dryocœtes Rotth. Rép. 429   Sic.
    sicanus Kiesw.
34 stigmatias Kiesw. Rép. 430   E.
35 obscuripes Kiesw. Rép. 431   E.
36 vitellinus Kiesw. Rép. 432   E.
37 longicornis Kiesw. Rép. 433   E.
38 diffusus Kiesw Rép. 433   E.
39 cincticollis Kiesw. Rép. 434 Pyr.

40 syriacus Mars. Ab. v 178   Nat.
41 sericellus-Mars. Ab. v 179   Nat.
42 Abd-el-Cader-Mars.Ab.v 181 Nat.

709. MALTHODES Kiesw.

11 limbiventris Thoms. Rép. 444 S.
35 distans Thoms Rép. 443   Lap.
83 meloiformis Lind.Rép.442 Pyrᵉ.
85 simplex Kiesw. Rép 445   I.
86 tristis Kiesw. Rép 445   AIⁿ.
87 græcus Kiesw. Rép. 445   G.
88 turcicus Kiesw. Rép. 446   T.
89 volgensis-Kiesw.   Sarepta.
90 tenax Kiesw. Rép. 437   Corse.
91 Raymondi Kiesw.Rép.437 Sard.
92 spectabilis Kiesw. Rép. 438   I.
93 mendax Kiesw.Rép. 438 Corse.
94 picticollis Kiesw. Rép. 440   I.
95 arbustorum Kiesw. Rép. 437 Eˢ.
96 stylifer Kiesw. Rép. 436   Eˢ.
97 insularis Kiesw. Rép. 440 Corse.
98 cruciferarum Kiesw.Rép.435 Eˢ.
99 rosmarini-Kiesw. Rép. 436 Eˢ.
100 berberidis Kiesw. Rép. 435 Eˢ.
101 ensifer Kiesw. Rép. 441   Sard.
102 pinnatus Kiesw. Rép. 439   Sic.
103 recurvus Baudi Rép. 441   Iₙ.
104 tetracanthus Kiesw.Rép.441 I.
105 parthenias-Kiesw. Rép. 439   I.
106 hastulifer Kiesw. Rép. 440 Sic.
107 corsicus Kiesw. Rép. 439 Corse.
108 umbrosus Kiesw. Rép. 438   1.
109 ruralis Kiesw. Rep. 442   Sic.
110 setifer Baudi   Alp.
111 genistæ Kiesw. Rép. 435   E.
112 tuniseus Fairm.   Tunis.

710. MALCHINUS Kiesw.

4 telephoroides-Abeille Rép. 447 Alp.
5 nigrinus-Schauf. Rép. 448   Dalm.

710ᵃ. THILMANUS Baudi.

1 obscurus Baudi   Sard.

711ᵃ. PODISTRINA Fairm.

1 Doriæ Fairm.   Tunis.

MALACHIDÆ.

712. APALOCHRUS Er.

7 flavicollis Schauf.   Rˢ.
8 Oberti Solsky   Sibᶜ.

714. MALACHIUS F.

7 carnifex-Er.   TSyr.
  stolatus Muls.
  suturellus Kiesw.
15 græcus Kr.   Syr.
  ♀ *fallaciosus* Baudi Rép.1 Chyp.
27 Barnevillei Put. Rép. 4   Fˢ.
  limbifer-Kiesw.   E.
46 cœruleus-Er.   E.
  hilaris Rosh.
  semilimbatus Fairm.   Fˢ.
  v. *lippus* Chevl. Rép. 6.
48 hispanus Per.Rép. 6   E.
61 longicollis-Er. Rép. 9   ESard.
  v. *bicolor* Perris   Corse.
65 cyprius Baudi Rép. 2   Chyp.
66 brevispina Kiesw. Rép. 8   Sic.
67 assimilis-Baudi Rép. 2   Chyp.
68 curticornis Kiesw Rép. 3   Eˢ.
69 iridicollis-Mars. Ab. v 182 Syr.
70 heteromorphus-Abeille Rép.4 Alp.
  laticollis Baudi.
71 Anceyi-Abeille Rép. 8   Syr.

715. AXINOTARSUS Mots.

4 brevicornis-Kraatz   Eˢ.
  v. *tristiculus* Kr. Rép. 10.
5 ruficollis-Ol.   BSFA.
  rubricollis Marsh.
6 lateplagiatus-Fairm.
  v. *rufoterminatus* Woll.Rép.11 Can.
13 tristis Per. Rép. 7   E.

716. ANTHOCOMUS Er.

10 fenestratus Lind. Rép. 12   Pyr.
11 sellatus Solsky Ab. iv 281   Rˢ.
12 crassicornis Baudi Rép. 13 Chyp.
13 Doriæ Baudi   Perse.
14 tripartitus-Mars. Ab. v 183 Liban
15 vesiculiger-Mars.Ab.v 183 Liban.

717. ATTALUS Er.

15 varitarsis-Kr.   Eur^s.
  v. *tarsalis* Per. Rép. 11   Alg.
20 apicalis-Perris Rép. 14   Alg.
  posticus Muls.   Corse.

Pecteropus Woll.

33 scitulus-Woll. Rép. 11   Gom.

34 pallipes-Woll. Rép. 13   Tén.
35 anticus Kiesw. Rép. 15   E.

Antholinus Muls.

36 panormitanus-Rag. Rép. 16   Sic.
  Ragusæ Schauf.

Nepachys Thoms.

37 pectinatus Kiesw. Rép. 15   E.
38 gracilis-Kiesw. Rép. 16   E.

718. EBÆUS Er.

14 abietinus Abeille Rép. 17   Alp.
15 mendax Kiesw. Rép. 18   E.
16 tæniatus Muls.   Alp.
17 flavobullatus-Mars. Ab. v 184 Syr.
18 pugio-Mars. Ab. v 185   Syr.
19 glabricollis Muls.   F^s.
20 viridifrons Schauf. Rép. 18 Baléar
21 tricolor Ball. Rép. 18   Turcm.

719. HYPEBÆUS Kiesw.

8 Brisouti Muls.   Pyr.
9 cyanipennis Baudi Rép. 20 Chyp.
10 pius-Kiesw. Rép. 21   E^s.
11 mylabrinus Baudi Rép. 19   Syr.
12 posticus Kiesw. Rép. 20   E.

720. CHAROPUS Er.

11 hamifer Kiesw. Rép. 21   E^s.
12 multicaudis Kiesw. Rép. 22   E^s.
13 aterrimus All. Ab. v 467   Alg.

721. ANTIDIPNIS Woll.

4 flavomaculatus-Becker   R^s.

Psauter Mars.

5 heteropalpus Mars. Ab. v 186 Nat.
6 palpator-Mars. Ab. v 188   Nat.

723. ATELESTUS Er.

3 Peragalloi-Perris Rép. 22   F^s.

724. TROGLOPS Er.

6 corsicus-Perr. Rép. 23   Corse.
8 marginatus Waltl. Rép. 24   E.
  ♀ *glaber* Kiesw.
13 rhinoceros-Muls. Ab. v 189 Nat.

724ª. CEPHALONCUS Westw.

1 capito Westw. Ab. i 107'   Can

725. COLOTES Er.

5 flavocinctus-Mars. Ab. v 189 Nat
6 anthicinus Baudi Rép. 24   Syr.

DASYTIDÆ.

728. HENICOPUS Steph.

24 privignus-Kiesw. Rép. 26   E.
  Heydeni Kiesw   E
25 Perezi Kiesw. Rép. 26   E.
26 dentipes Raffr.   Alg.

729. DASYTES Payk.

25 borealis Thoms. Rép. 30   S.
46 occiduus Muls. Rép. 27   S.
47 gonocerus Muls.   Pyr.
48 tristiculus Muls.   F^s.
49 thoracicus Muls.   F^s.
50 montanus Muls.   F^sPyr.
51 nigrocyaneus Muls.   F.
52 Grenieri Kiesw. Rép. 32   Corse.
53 coxalis-Muls.   Eur.
54 oculatus Kiesw. Rép. 29   E.
55 ærosus Kiesw. Rép. 29   E.
56 croceipes-Kiesw. Rép. 29.   E.
57 subfasciatus Kiesw. Rép. 31   E.
58 callosus Solsky Rép. 32   Turcm.

729ª. ACANTHOMERUS Perris.

1 ciliatus Per. Rép. 33   Corse.

730. DOLICHOSOMA Steph.

11 subdensatum Muls.   F.
12 submicaceum Muls.   F^s.
13 Pharaonum Kiesw. Rép. 34 Egyp.
14 splendidum Schf. Ab. vii 167 Majorq
15 ultramarinum Schf. Ab. vii 167 Rhod

Dolichophron Kiesw.

16 cylindromorphumKiesw.Rép.35Syr

731. LOBONYX Duv.

2 ruficollis-Raff.   Alg.

733. AMAURONIA Westw.

5 elegans-Kiesw. Rép. 35   E.

734. DASYTISCUS Kiesw.

8 virescens Baudi   Chyp.
9 medius Rottb. Rép. 36   Sic.
   pexus Kiesw. Rép. 37.
10 analis Baudi   Tartar.
11 obesus Kiesw. Rép. 37   Alg.
12 Beckeri Kiesw. Rép. 37   Alg.
13 squamatus Kiesw. Rép. 38   Alg.
14 posticus Solsky Rép. 36   Alg.
15 scutellaris Solsky Rép. 38 Alg.

735. HAPLOCNEMUS Steph.

41 Barnevillei Kiesw. Rép. 39   E.
42 xanthopus Kiesw. Rép. 42 Corse.
43 eumerus Muls.   F.
44 pellucens Kiesw. Rép. 40   E.
45 marginatus Rottb. Rép. 40   Sic.
46 Aubei Kiesw. Rép. 41   E.
47 limbipennis Kiesw. Rép. 41   E.
48 nigripes Muls.   Alg.
49 corcyricus-Mill. Ab. vi 96   G.
50 erosus Muls.   Corse.
51 cribricollis Muls.   Corse.
52 calidus Muls.   Fᵇ.
53 quercicola Muls.   F.
54 trinacrensis Ragusa Rép. 39 Sic.
55 KoziorowicziDesb.Ab.vii122 Corse
56 Palæstinus Baudi   Palest.
57 rufomarginatus PerrisAb.vii18 Alg
58 integer Baudi   I.

736. DANACÆA Cast.

17 nana-Kiesw. Rép. 43   Pyr.
24 ambigua-Muls.   F.
25 corsica Kiesw. Rép. 44   Corse.
26 ziczac Schauf. Rép. 42   Baléar.
27 sardoa Kiesw. Rép. 45   Sard.

28 longiceps-Muls.   F.
29 lusitana Heyd.   E.
30 lata Kiesw. Rép. 43   E.
31 Kiesenwetteri-Heyd.   E.
32 montivaga Muls.   Alp.Pyr.
33 pygmæa Schauf. Rép. 44   Baléar.
34 genistæ-Mars. Ab. v 190   Syr.
35 Reyi Tourn.   F.
36 olivacea Baudi   Rˢ.

738. CERALLUS Duv.

3 brevicollis Kiesw.   Rˢ.
4 luteus Kiesw.   T.
5 concolor Kiesw.   T.
6 marginatus Baudi   Syr.
7 tataricus Baudi   Tartar.
8 hispanicus Kiesw.   Fˢ.
9 bicolor Kiesw.   Rˢ.

MELYRIDÆ.

741. MELYRIS F.

4 Klugi Baudi   Arab.

TEREDILES.

CLERIDÆ.

743. TILLUS Ol.

6 flabellicornis Fairm. Rép.45 Alg.

744. OPILUS Latr.

8 grandis Stierl. Ab. vii 291 Mésop.

747. TRICHODES Herbst.

16 subfasciatus Kr.   Palest.

750. CORYNETES Herbst.

13 pexicollis-Fairm. Rép. 46   Alg.
14 rugipennis Ball. Rép. 46 Turcm.
15 hybridus Baudi   E.

CUPESIDÆ.

754ᵃ. CUPES F.

1 clathratus Solsky Rép. 46   Sib.

SINOXYLIDÆ.

755. APATE F.

7 cornifrons Baudi   Chyp.
8 Zickeli–Mars.Ab. iv 34'   Alg⁵.
9 Reichei–Mars. Ab. iv 35'   Alg⁵.

758. XYLOPERTHA Guér.

7 foveicollis All. Ab. v 468   Sic.
8 ficicola Woll. Rép. 48   Gom.
9 barbifrons Woll. Rép. 49   Palma.
10 barbata Woll. Rép. 50   Mad.

759. RHIZOPERTHA Steph.

4 bifoveolata Woll. Rép. 50   Mad.
5 sicula Baudi   Sic.

CIIDÆ.

764. ROPALODONTUS Mell.

3 Bandueri Abeille   Fs.

765. CIS Latr.

12 fissicornis–Mellié   R.
sublaminatus–Wank.Rép.51 Lithuan
30 pruinulosus–Perr. Rép. 53   F⁵.
37 libanicus Abeil. Per.   Liban.
38 coriaceus Baudi   Chyp.
39 nitidicollis Abeille   F.
40 reflexicollis Abeille   Pyr.
41 Perrisi Abeille   F⁵.
42 cucullatus Woll. Rép. 50   Gom.
43 puncticollis Woll.Rép.51 Tén.Mad
44 pumilio Baudi   Chyp.
45 clavicornis Baudi   Chyp. –
46 microgonus Thoms. Rép. 52   S.
47 4–dentulus–Perris Ab.xiii 128 F⁵.
48 coluber Abeille   F.

766. ENNEARTHRON Mellié.

3 Wagæ–Wank. Rép. 53   Lithuan.
4 filum Abeille   F⁵.

ANOBIDÆ.

768. DRYOPHILUS Chevl.

6 densipilis Abeille Per.Rép.54   F⁵.
7 forticornis Abeille Per.   Syr.

770. ANOBIUM F.

5 fulvicorne–Sturm.   Eur.
   v. *sericeum* Thoms. Rép. 55   S.
24 carpetanum Heyd.   E.
25 canaliculatum Thoms. Rép. 55   S.
26 Reyi–Bris. Rép. 57   F⁵ I.
27 disruptum Baudi   Sard.
28 impressum Woll. Rép. 58   Hierro.
29 lyctoides Woll.Rép. 59   Gon.
30 oculatum Woll.Rép. 59   Gon.
31 cryptophagoides Woll. Rép. 57
      Hierro.

772. ERNOBIUS Thoms.

5 abietis–F.   A g.
   abieticola Thoms. Rép. 60   ES.
14 frigidus Thoms. Rép. 59   S.
21 angulicollis Thoms. Rép. 61   S.
22 nitidulus Woll. Rép. 56   Mad.
23 microtomus Sahlb.   Lap.

775. GASTRALLUS Duv.

4 pubens Fairm.   Tunis.

775ª. RHADINE Baudi

1 parmata Baudi   Chyp.

776. PTILINUS Geoff.

7 lepidus Woll.Rép.62 Tén.Palm.

782. XYLETINUS Latr.

16 flavicollis Woll. Rép. 63   Gom.
17 tenebricosus Solsky Rép.62 RSib.

783. PSEUDOCHINA Duv.

8 obscura Solsky Rép. 64   R⁵.

PTINIDÆ.

792. HEDOBIA Sturm.

1 tricostata Baudi   Chyp.

792ª. CASAPUS Woll.

1 Bonvouloiri–Woll. Ab. i 95'   Ten.
2 dilaticollis–Woll. Ab. i 95'   Ten.
3 alticola–Woll. Ab. I 96'   Ten.
4 pedatus–Woll. Rép. 64   Gom.
5 radiosus Woll. Ab. i 96'   Can.
6 subcalvus–Woll. Ab. i 97'   Hierro.

792ᵇ. DIGNOMUS Woll.

1 gracilipes Woll. Ab. 1 98'   Lanz.

793. PTINUS L.

53 brevicrinitus Desb.Rép.65   Corse.
54 mutandus Mars.   Corse.
   insularis Desb. Rép. 65.
55 timidus Bris.   E.
56 Auberti Abeille Rép. 66   Fˢ.
57 affinis Desb. Rép. 68   Sic.
58 obsoletus Baudi   Chyp.
59 corticinus Rottb. Rép.67   Sic.
60 perplexus-Muls.   Fˢ.
61 hirticornis-Kiesw. Rép. 70   Eˢ.
62 quercus Kiesw. Rép. 69   E.
63 comptus Chevl.   Syr.
64 quisquiliarum Baudi   Iⁿ.
65 apenninus Baudi   I.
66 minimus Heyd.   E.
67 aureopilis Desb.   Syr.
68 brevipilis Desb.   Sic.Corse.
69 pellitus Desb.   Syr.
70 fimicola Desb.   Egyp.

794. NIPTUS Boïeld.

6 constrictus Kiesw. Rép.71   E.
7 rugosicollis Desb.   Palest.

795. SPHÆRICUS Woll.

5 simplex-Woll Ab. 1 100' Hierro.
6 ambiguus Woll. Rép. 92   Mad.
7 gibbicollis Woll. Ab. I 101' Lanz.
8 impunctipennis Woll.Rép.71 Gom.
9 innorratus-Woll. Rép.73   Gom.
   v. *rotundatus* Woll.   Hierro.
10 crotchianus-Woll.Rép.72 Gom.

795ᵃ. MICROPTINUS Woll.

1 gonospermi-Woll.Ab. 1 99' Can.

795ᵇ. PIARUS Woll.

1 basalis-Woll. Ab. 1 101'   Lanz.

795ᶜ. PIOTES Woll.

1 inconstans-Woll. Ab. 1 103' Can.
   v. *lanata* Woll.
2 vestita Woll. Ab. 1 103'   Palma.

796. MEZIUM Curt.

3 hirtipenne-Reiche Rép.73 . Alg.
4 arachnoides Desb.   Tang.Can.

TENEBRIONIDES.
ERODIDÆ.

798. ZOPHOSIS Latr.

31 osmanlis-Deyrl.   Syr.
32 orientalis-Deyr.   Syr. Sib.
33 Truquii Deyr.   Syr.
34 Faldermanni Deyr.   Perse.
35 Migneauxi Deyr.   Arabie.
36 armeniaca-Deyr.   Armén.
37 pulverulenta Deyr.   Perse.
38 miliaris Deyr.   Syr.
39 Mæcklini-Deyr.   Egyp.
40 Bohemanni-Deyr.   Egyp.
41 sulcata Deyr.   Arab.
42 approximata-Deyr.   Alg.
43 Ghilianii Deyr.   N...
44 4-carinata Woll.   Tén.
45 posticalis Deyr.   Egyp.
46 Clarki-Woll.   Can.
47 dilatata-Deyr. Egyp. Syr. Cauc.
48 orbiculata-Deyr.   Syr.
49 Marseuli-Deyr.   Alg.
50 Lethierryi-Deyr.   Alg.
51 Wollastoni-Deyr.   Alg.
52 Zuberi-Deyr.   Alg.

799. LEPTONYCHUS Chevl.

2 convexiventris Fairm.   Alg.
3 ? pellucidus Muls.Rép. 79 Alg.

800. PIESTOGNATHUS Luc.

2 asperiformis Fairm.   Tunis.

801. ARTHRODEIS Sol.

5 Perraudieri-Woll. Rép. 75   Can.
6 inflatus-Woll. Rép.75   Can.
7 byrrhoides Woll. Rép.76   Fuert.
8 Hartungi Woll. Rép. 76   Fuert.
9 punctulatus Woll. Rép.76   Lanz.
10 parcepunctatusWoll.Rép.77 Gom.
11 subciliatus Woll. Rép. 77 Fuert.

12 costifrons Woll. Rép. 76   Lanz.
13 malleatus Woll. Rép. 78   Lanz.
14 emarginatus Woll. Rép. 78 Fuert.
15 geotrupoides Woll. Rép. 78 Fuert.
16 glomeratus Fairm. Rép. 74 Maroc.
17 occidentalis Fairm. Rép. 74 Maroc.
18 orientalis Kr.   Turcm.

802. ERODIUS F.

36 rugicollis-All.   Alg.
   rugosus All.
37 Henoni-All.   Alg.
   granulosus All. Rép. 80
38 Reichei All.   Syr.
39 Duponcheli All.   Syr.
40 Klugi All.   Syr.
41 pyriformis All.   Sic.
42 maximus All.   Maroc.
43 Solieri All.   Alg.
44 nitidicostis All.   Alg.
45 obtusus-All.   E.
46 granipennis-Fairm. Rép. 80 Maroc.

TENTYRIDÆ.

808. COLPOSCELIS Lacd.

2 persica Baudi   Perse^n.
3 crassicornis Baudi   Perse^n.

810. DAILOGNATHA Esch.

9 pumila Baudi   Armén.

811. ANATOLICA Esch.

2 lata-Esch.   Sib.
   v. *albovittis*-Mots. Rép. 81 Kirg.
9 saisamensis Mots. Rép. 81 Songar.
10 curtula Mots. Rép. 81   Songar.
11 gnathosioides Mots. Rép. 82 Songar.

817. CALYPTOPSIS Sol.

5 amaroides Baudi   Perse^n.
6 harpaloides Baudi   Perse^n.
   v. ? *punctiventris* Baudi
   v. ? *armeniaca* Baudi

819 PACHYCHILA Esch.

31 humerosa Fairm.   Tunis.
32 cossyrensis Ragusa   I^s.

33 intermedia Haag.   Maroc.
34 Fritchi Haag.   Maroc.
35 cognata Haag.   Maroc.
36 breviuscula Haag.   Maroc.
37 externecostata-Haag.   Maroc.
38 Reini Haag.   Maroc.
39 Fairmairei Haag.   Maroc.
40 maroccana Haag.   Maroc.
41 Plasoni Haag.   Maroc.
42 Doriæ Haag.   Tunis.

821. MICRODERA Esch.

10 marginata Baudi   Perse^n.
11 convexicollis Mots. Rép. 82 Kirg.
12 excavata Mots. Rép. 82   Kirg.
13 scyta Baudi   Buchar.

821a. THALPOBIA Fairm.

1 lævipennis Fairm. Rép. 83 Maroc.

822. TENTYRIA Latr.

71 velox Chevl. Rép. 86   E.
73 Heydeni Haag.   E.
74 basalis Schauf. Rép. 83 Baléar.
75 mauritanica Baudi   Egyp.
76 Sommieri Baudi   Egyp.
77 ovalis Mots Rép. 84   Kirg.
78 ventralis Mots. Rép. 84 Songar.
79 parallela Baudi 6   Perse^n.
80 valida Mots. Rép. 85   Songar.
81 robusta Mots. Rép. 85   Turcm.
82 subelegans Fairm. Rép. 85 Maroc.
83 oblongipennis Fairm.   Tunis.
84 cribricollis Fairm.   Tunis.

824. MESOSTENA Esch.

9 valida Mots. Rép. 86   Egyp.
10 armeniaca Mots. Rép. 87 Armén.
11 rufa Mots. Rép. 87   Egyp.

828. MICIPSA Luc.

12 Gastonis Fairm. Rép. 87 Alg.
13 Batesi Haag.   Syr.
14 gracilipes Fairm.   Tunis.
15 poripennis Fairm.   Tunis.
16 Kerimi Fairm.   Tunis.
17 angustipennis Fairm.   Tunis.
18 striaticollis Fairm.   Tunis.

828ᵃ. THALPOPHILA Sol.

1 plicifrons-Woll. Rép. 88   Tén.
2 Deyrollei-Woll. Rép. 88   Lanz.
3 submetallica-Woll. Rép. 88   Lanz.

289. HEGETER Latr.

2 costipennis-Woll. Rép. 89   Can.
3 subrotundatus Woll. Rép. 89   Can.

829ᵃ. MELANOCHRUS Woll.

1 Lacordairei-Woll. Rép. 91   Lanz.

829ᵇ. GNOPHOTA Er.

1 inæqualis Woll. Rép. 91   Can.
2 punctipennis-Woll. Rép. 92   Can.

EPITRAGIDÆ.

838. HIMATISMUS Er.

2 villosus Haag.   Egyp
3 ferrugineus-Mars. Ab. ıv 38   Alg.
4 Perraudieri-Mars. Ab. ıv 39   Alg.

ADELOSTOMIDÆ.

840ᵃ. HIDROSIS Haag.

1 crenatocostata Redt.   Egyp. Syr.
   ægyptiaca Kirsch. Rép. 92
   squalida Baudi.
2 alata Fairm.   Tunis.

841. POGONOBASIS Sol.

4 opaca Haag.   Arab.

842. ADELOSTOMA Duponch.

5 Batesi Haag.   Arab.

STENOSIDÆ.

844. STENOSIS Herbst.

30 villosa Bris. Rép. 53   E.
31 Olcesi Fairm. Rép. 94   Maroc.
32 Henoni All. Ab. v 468   Algᵉ.

845. DICHILLUS Duv.

11 socius-Rottb. Rép. 95   Sic.
12 crassicornis-All. Ab. v 468   Syr.
13 bicarinatus Baudi   Alg.
14 rugatus Baudi   Perseₙ.

847. OOGASTER Fald.

2 Doriæ Baudi   Perseₙ.

SCAURIDÆ.

853. SCAURUS F.

20 angustus-Reiche Rép. 96   Alg.
21 interruptus Baudi   Tunis.
22 latipennis Baudi   Algⁿ.
23 elongatus-Muls. Rép. 95   Alg.
24 gracilicornis Fairm.   Tunis.
25 ovipennis Fairm.   Tunis.
26 parvicollis Fairm.   Alg.
27 maroccanus Fairm.   Mogad.
28 asperulus Fairm.   Mogad.
29 4-collis Fairm.   Kabyl.
30 amplicollis Fairm.   Alg.

BLAPTIDÆ.

855. GNAPTOR Fisch.

3 prolixus-Fairm. Rép. 37   Syr.

856. BLAPS F.

96 Dehaani Baudi   Perseᵒ.
97 divergens Fairm.   Tunis.

858. PROSODES Esch.

4 cribrella Baudi   Perseᵒ.
5 lævigata Baudi   Perseᵒ.
6 Ledereri-Fairm.   Syr.

ASIDIDÆ.

860. ASIDA Latr.

79 obesa All. Ab. vı 179   Alp.
80 pusillima Kr.   E.
81 Paulinoï Per. Arc. Ab. 182   E.
82 Gambeyi All. Ab. 184   Alg.
83 planipennis-Schauf. Ab. 187 Baléar
84 græca-All. Ab. 290   G.
85 sardiniensis All. Ab. 291   Sard.
86 consanguinea All. Ab. 291   Fˢ.
87 banatica Friv. Ab. 298   Hong.
88 Pirazzolii All. Ab. 200   I.
89 Reichei All. Ab. 211   Minorq.
   Cardonæ Per. Arc.
   horrens Schauf.

90 Barceloï Per.Arc.Ab.215 Majorq.
91 Diecki All.   E.
92 Brucki-All. Ab. 292   E^s.
93 setipennis All. Ab. 218   E.
94 curta-Fairm. Ab. 220   Alg.
95 Olcesi-Fairm. Ab. 229   Maroc.
96 Kraatzi-All. Ab. 293   Maroc.
97 4-costata All. Ab. 233   Alg.
98 opacula-M.
    opaca All. Ab. 235.
99 Lethierryi All. Ab. 236   Tunis.
100 tricostata All. Ab. 238   Alg.
101 bifoveata All. Ab. 294   Maroc.
102 Saintpierrei All. Ab. 239   Alg.
103 dissimilis-All. Ab. 241   Alg.
    Henoni Fairm.
104 nigerrima All. Ab. 242   Alg.
105 lævicollis All. Ab. 243   Alg.
106 scabrata Fairm. Ab. 244   Bòne.
107 villososulcata All. Ab. 247 Alg.
108 opatroides All. Ab. 249   Alg.
    sulcipennis Fairm.
109 crassicollis Fairm. Ab. 253 Alg.
    Moræ Per. Arc.   E.
110 crassipes All. Ab. 256   Alg.
111 clypeata-All. Ab. 256   Alg.
    dermalodes Fairm.
112 Rolphi Fairm. Ab. 258   Maroc.
113 tuberculifera-All. Ab. 259 Alg.
114 maroccana-All. Ab. 260 Maroc.
115 barbara All. Ab. 262   Maroc.
116 tuberculata-All. Ab. 263   Alg.
117 Tournieri All. Ab. 264   Sic.
118 obsoleta-Fairm. Ab. 265   Alg.
119 politicollis Fairm. Ab. 266 Alg.
120 scabrosa-All. Ab. 270   E.
121 sulcata-All. Ab. 271   E.
122 Mar-culi-All. Ab. 274   E.
123 gracilis All. Ab. 295   E.
124 ibicensis Per. Arc. Ab. 282
                Baléar.
125 syriaca All. Ab. 287   Syr.
126 grandipalpis All. Ab. 288   E.
127 squalida All. Ab. 289   E^s.
128 vagecostata Fairm.   Tunis.

PIMELIDÆ.

868. OCNERA Fisch.

17 longicollis Baudi   Perse^n.
18 perlata Baudi   R^{s}Casp.

869. THRYPTERA Sol.

6 grisescens Fairm.   Tunis.

870. PACHYSCELIS Sol.

17 minor Baudi   Perse.
28 bilineata Baudi   R^{s}Casp.

871. PIMELIA F.

63 tuberculifera-Luc.   Alg.
    dayensis-Muls. Rép. 100.
    Perrisi Baudi (Leucolæphus).
    serieperlata Fairm.
77 castellana-Per. Arc. Rép. 98 E.
102 euboïca Boiel. Rép. 99   Er.
112 nitida Baudi   Turcm.
113 spectabilis-Haag.   Alg.Maroc.
114 echidna Fairm.   Maroc.
115 atarnites Baudi   Perse.
116 puberula Chevl.   Syr.
117 gracilenta-Haag.   Maroc.
118 discicollis Fairm.   Maroc.
119 monilis Haag.   Maroc.
120 platynota Fairm.   Maroc.
121 externeserrata Fairm.   Maroc.
122 curticollis Haag.   Maroc.
123 tumidipennis Haag.   Maroc.
124 tristis Haag.   Maroc.
125 mogadora-Fairm.Rép.99 Maroc.
126 malleata Woll.   Maroc.
127 insignis-Fairm.Rép.101 Maroc.
128 zophosioides Baudi   Perse^n.
129 costipennis-Woll.Rép.101 Hierro
    v. *validipes* Woll.   Gom.
130 ambigua Woll.Rép.102 Hierro.
131 granulicollis-Woll.Rép.102 Can.

SEPIDIDÆ.

873. SEPIDIUM F.

17 perforatum-All.   Tang.
18 Reichei-All.   Egyp.
19 laterale-All.   Alg.

20 laghoatense Baudi   Alg.
21 pallens All.   Alg.
22 bicaudatum Fairm.Rép.103 Maroc.

874. VIETA Cast.

2 algeriana-All.   Alg.
3 costata-All.   Arab.
4 Luxorii All.   Egyp.

CRYPTICIDÆ.

875. CRYPTICUS Latr.

10 punctatissimus-Woll.Rép.105Palm
11 calvus Woll. Rép. 103   Hierro.
12 canariensis-Woll.   Tén.
13 nitidulus-Woll. Rép. 104   Gom.
14 oblongus-Woll.Rép.104Tén.Hier.
15 dactylispinus-Mars.Ab.vi381 Alg.
16 Zuberi-Mars. Ab. vi 382   Alg.
17 sibiricus Solsky   Sib.
18 zophosioides Heyd.   E.
19 Kraatzi-Bris. Rép. 106   E.
20 corticeus Fairm.Rép.107 Maroc.
21 nebulosus Fairm.Rép. 107   Alg.
22 maculosus Fairm. Rép. 108   Syr.

PEDINIDÆ.

877. PLATYSCELIS Latr.

8 hungaricus Friv. Rép. 105 Hong.

879. PEDINUS Latr.

22 longulus Rottb.Rép.108   Sic.
23 Ragusæ Ragusa   Sic.

881. CABIRUS Muls.

4 cribricollis Baudi   Chyp.
5 persis Baudi   Perse.
6 Gautardi Tourn.   Egyp.

PANDARIDÆ.

883. PANDARUS Muls.

26 corsicus-Perris   I.
27 castilianus-La Brul. Rép. 109 E.

884. PANDARINUS Muls.

8 rhodius Baudi   Rhodes.
9 cyprius Baudi   Chyp.
10 nevadensis-La Brul. Rép. 110 E.

885. BIOPLANES Muls.

7 saginatus Baudi   Syr.

886. MELAMBIUS Muls.

3 sardous Baudi   Sard.
4 breviusculus Fairm. Rép. 111 Alg.
5 asperocostatus Fairm.Rép.112Alg.
6 Teinturieri-Muls. Rép. 113   Alg.

888. PHYLAX Brul.

9 incertus-Muls. Rép. 113   Alg.
10 ovipennis Fairm. Rép. 114   Alg.
11 Olcesi-Fairm. Rép. 115   Maroc.
12 brevicollis Baudi   Sard.

890. OLOCRATES Muls.

2 collaris Muls. Rép. 115   E.
13 dendaroides Baudi   E^s.
14 nivalis Baudi   E^s.
15 Mulsanti-La Brul. Rép. 116   E.
16 Reyi-La Brul. Rép. 117   E.
17 mediterraneus-La Brul. Rép. 118
               Baléar.
18 batnensis Muls. Rép. 118   Alg.

892. HELIOPATHES Muls.

16 strigicollis Baudi   Maroc.

OPATRIDÆ.

894. OPATROIDES Brul.

5 angulatus Baudi   Perse.

896ᵃ. BRACHYESTHES Mars.

1 pilosella-Mars. Ab. iv 36   Biskra.
2 approximans Fairm.   Alg.
3 Gastoni-Fairm.   Alg.
4 chrysomeloides-Costa   Egyp.

898. OPATRUM F.

32 messeniacum Rottb.Rép.119 Sic.
33 validum Rottb. Rép. 120   Sic.
34 Libani Baudi   Liban.
35 Grenieri-Per. Ab. vii 19   Corse.
36 granatum Fairm. Rép. 121   Alg.

900. HADRUS Woll.

2 Païvæ-Woll. Rép. 121   Mad.

901. GONOCEPHALUM Muls.

42 murinum Baudi   Egyp.
43 lutosum-Woll.Rép.122Lanz Fuert.
44 sericeum Baudi   Egyp.
45 hirtulum Baudi   Perse.
46 scleroide Baudi   Candie.
47 oblitum-Woll.Rép.122Lanz.Fuert.
48 ussuriense Solsky Rép. 123   Sib.

902. SCLERUM Hope.

11 asperulum Woll.Rép.124   Can.
12 sulcatum Baudi   Arab.
13 carinatum Baudi   Perse.

903. CNEMEPLATIA Costa.

2 rufa Tourn.   Tang.

906. PACHYPTERUS Luc.

3 pusillus-Baudi   EMaroc.

907ª. EURYCAULUS Fairm.

1 Marmottani Fairm.Rép.125   Alg.

909. LEICHENUM Redt.

5 foveistrium-Mars.   Arab.

DIAPERIDÆ.

911. ANEMIA Cast.

3 pilosa-Tourn. Ab. v 146   Alg.

911ª. PSEUDANEMIA Woll.

1 brevicollis Woll. Rép.126   Lanz.

911ᵇ. PHILHAMMUS Fairm.

1 sericans Fairm. Rép. 127   Maroc.

923. GNATHOCERUS Thunb.

2 maxillosus Woll. Rép. 127   Mad.

927. ULOMA Cast.

6 cypria All. Ab. xiv 21   Chyp.

928. ALPHITOBIUS Steph.

4 viator Muls. Rép. 128   Fˢ.
5 granivorus Muls. Rép. 129   Fˢ.

932. HYPOPHLŒUS Helw.

15 subdepressusWoll.Rép.130 Fuert.
16 bivittatus Reit.   Hong.

TENEBRIONIDÆ.

934. ADELINA Woll.
Sitophagus Muls.

2 farinaria Woll.   Mad.

937. BOROMORPHUS Woll.

2 rufipes-Luc. Rép. 131   Sic.Alg.
3 parvusWoll.Rép.131Tén.Lanz.Fuer
4 congener Rottb. Rép. 131   E.Alg.

938. CENTORUS Muls.

1 Raffrayi-Fairm.   Alg.

942. IPHTHIMUS Truqui.

4 Truquii–Mars. Ab. v 274   Syr.

945. TENEBRIO L.

6 olivensis Woll. Rép. 132   Fuert.
7 Crotchi–Woll.Rép.132 Tén.Gom.

HELOPIDÆ.

946. LÆNA Latr.

4 longula-Mars.   Liban.
5 minima-Mots.   Natol.

949. HELOPS F. All. Ab. xiv.
Catomus All.

117 flavus All. Ab. 28   T.
118 semiruber–All. Ab. 29   Perseⁿ.
119 persicus All. Ab. 30   Perse.
120 obsoletus All. Ab. 30   Alg.
121 politicollis–All. Ab. 31   Alg.
122 gossypiatus Reiche   Alg.
    hirtus Muls. Rép. 142.
123 pilosus All. Ab. 48   Alg.
124 Henoni All. Ab. 49   Alg.
125 puber All. Ab. 50   Alg.

Helops F.

126 obesus All. Ab. 32   Alg.
127 granulatus All. Ab. 32   Port.
128 rufipes All. Ab. 33   T.
129 giganteus Kr. Ab. 60   G.
130 vicinus All. Ab. 34   Cauc.
131 graïus All. Ab. 34   G.
132 myops All. Ab. 50   Nat.
133 adimonius All. Ab. 35   Nat.
134 granipennis All. Ab. 51   T.

Odocnemis All.

135 caudatus All. Ab. 36 — Syr.
136 clarus All. Ab. 37 — Syr.
137 punctatus-All. Ab. 38 — Syr.

Cylindronotus Fald.

138 Batesi All. Ab. 38 — Nat.

Stenomax All. —

139 Douei All. Ab. 39 — R^s.
140 recticollis All. Ab. 53 — Armén.
141 sareptanus All. Ab. 54 — R^s.
142 estrellensis Kr. Ab. 61 — Port.
143 æneipennis Mill. — Rhodes.
144 montanus Kr. Ab. 62 — Port.
145 micantipennis All. Ab. 55 Port.
146 bosphoranus All. Ab. 56 — T.
147 planivittis-All. Ab. 39 — G.

Omalois All.

148 macellus Kr. Ab. 63 — E.
149 sublinearis Kr. Ab. 64 — E.

Nalassus Muls.

150 fusculus All. Ab. 40 — Tang.
151 Pharnaces All. Ab. 41 — T.
152 lusitanus Kr. Ab. 65 — Port.
153 diteras-Mars. Ab. 66 — Cauc.
154 hirtulus-Reiche — Alg.
   piligerus Kr. — E.
   minutus Muls. Rép. 134.
155 Heydeni All. Ab. 42 — E.

Nesotes All.

156 altivagans Woll. Rép. 136 Tén.
157 elliptipennis Woll. Rép. 136 Tén.
158 arboricola Woll. Rép. 140 Mad.
159 nitens-Woll. Rép. 138 — Can.
   v. *carbunculus*-Woll. — Tén.
   v. *aterrimus* Woll. Rép. 137 Gom.
160 rimosus Woll. Rép. 138 — Fuert.
161 porrectus Woll. Rép. 139 Lanz.
162 gomerensis Woll. Rép. 141 Gom.
163 viridicollis-Schauf. Rép. 133 Baléar
164 conformis-Gem. Rép. 136 Can.
   congener Woll.
   v. *turgidicollis* Woll.
165 Marseuli-Woll. Rép. 140 Can.

166 æthiops Woll. Rép. 139 — Can.
167 picescens Woll. — Can.
168 fusculus Woll. Rép. 139 Tén.

Raiboscelis All.

169 cyprius All. Ab. 44 — Chyp.
170 obliteratus All. Ab. 56 — G.
171 tauricus Muls. Rép. 133 — R^s.
172 mesostena Solsky Rép. 141 Sib.

951. EUBÆUS Boield.

1 Mimonti-Boield. Rép. 144 — G.

952ª. GERANDRYUS Rottb.

Parablops Rottb.

1 ætnensis Rottb. Rép. 146 — Sic.

953. NEPHODES Cast.

2 subdepressus-Fairm. Rép. 147 Alg.
3 modestus Kr. — E.

954. ENTOMOGONUS Sol.

2 elongatus-All. Ab. 42 — T.
3 saphyrinus-All. Ab. 43 — Nat.

CISTELIDÆ.

960. CISTELA F.

11 amplicollis Lind. Rép. 147 Hong.
29 crassicollis-Fairm. Rép. 148 Maroc
30 estrellana Kiesw. — E.
31 hispanica-Kiesw. — E^s.

32 genistæ Rottb. Rép. 149 — Sic.
33 parvula Rottb. Rép. 149 — I.
34 acuminata Fairm. Rép. 150 Maroc.
35 Costesi Bertol. Ab. vii 148 Tyr.
36 impressicollis Chevl. — Syr.

962. PODONTA Sol.

9 ambigua Kiesw. — Nat.
10 turcica Kiesw. — Syr.
11 atrata Kiesw. — T.
12 carbonaria Kiesw. — Mésop.
13 Heydeni-Kiesw. — Nat.
14 Milleri Kiesw. — Céphal.
   oblonga Mill.
15 corvina Kiesw. — G.
16 morio-Kiesw. — Nat. G

964. OMOPHLUS Sol.

39 dasytoides-Fairm. Rép. 156 Alg.
40 scabriusculus Fairm.   Alg.
   Mulsanti Kirsch. Ab. vii 51.
41 chalybeus Kirsch.Ab.vii 52 Egyp.
42 plenifrons Fairm. Rép. 115 Alg.
43 Kusteri Kirsch. Ab. vii 56   T.
44 hæmorrhoidalisFairm.Rép.151 Alg
45 Rolphi-Fairm. Rép. 154   Maroc.
46 gracilipes-Kirsch. Ab. vii 58 Syr.
47 falsarius-Kirsch. Ab. vii 59 Syr.
48 propagatus Kirsch.Ab.vii61Chyp.
49 hirtellus Kirsch.Ab.vii 62 Corfou.
50 varicolor-Kirsch. Ab. vii 63   Syr.
51 volgensis Kirsch. Ab. vii 66   R⁵.
52 tarsalis Kirsch. Ab.vii 67   Cauc.
53 turcicus Kirsch. Ab. vii 69   TG.
54 gracilior Fairm. Rép. 156   Alg.
55 infirmus Kirsch. Ab. vii 71   G.
56 fallaciosus Rottb.Rép.150   Sic.
57 menticornis Reit.Rép.152 Alg°.
58 oraniensis-Reit. Rép. 152   Alg.
59 Kirschi Reit. Rép.153   Alg.
60 longipilus-Fairm. Rép. 153   Alg.
61 longicornis Bertol Ab.vii 74 I Tyr
62 proteus Kirsch. Ab. vii 76   TGR⁵.
63 caucasicusKirsch.Ab.vii77 Cauc.
64 deserticolaKirsch.Ab.vii79 Kirg.
65 lucidus-Kirsch.Ab.vii 79   Palest.
66 ocularis-Kirsch.Ab.vii 80 Palest.
67 tenellus-Kirsch.Ab.vii 81   Egyp.
68 tuniseus Fairm.   Tunis.
69 anthracinus Fairm.   Batna.
70 janthinus-Räffr.   Alg.

PYTHIDÆ.

965. PYTHO Latr.

3 abieticola Sahlb.   Finl.

966. SALPINGUS Gyll.

8 exsanguis-Abeil.Per.Ab.vii89 F⁵.
9 Reyi-Abeille Per.   F⁵.

968. RHINOSIMUS Latr.

5 tapirus Abeil.Per.   F⁵.
6 ornitorhynchus Abeil.Per.   F⁵.

SERROPALPIDÆ.

970. TETRATOMA F.

4 Baudueri-Per. Rép. 157   F⁵.

972. ORCHESIA Latr.

7 tetratoma Thoms. Rép.158   S.
8 fusiformis Solsky Rép.159   Sib.
9 blandula Brancs.   Hong.

974. ANISOXYA Muls.

2 mustela Abeille Per.   F.

986. NOTHUS Ol.

4 vandalitiæ Kr.   E.

987. PHRYGANOPHILUS Sahlb.

4 sutura Gredl.   Tyr.
5 ferrugineus Gredl.   Tyr.

LAGRIDÆ.

990. LAGRIA F.

12 Poupillieri-Reiche Rép. 160   Alg.
13 parvula-Perr. Rép. 160   E.
14 Grenieri-Bris.   F.

PYROCHROIDÆ.

991ᵃ. DENDROIDES Latr.

1 Ledereri Ferr.Ab.vii 155   Syr.

PEDILIDÆ.

995. MACRATRIA Newm.

1 Leprieuri-Reiche Rép. 161   Alg.

996. XYLOPHILUS Latr.

3 pentatomus Thoms.Rép. 162   S.
13 patricius-Abeil.Per.Rép. 163 F⁵.
14 oculatissimus Woll.Rép.163 Palma
15 lateralis Gredl. Rép.164   Tyr.
16 tirolensis Gredl. Rép. 164   Tyr.
17 brevicornis Per. Ab. vii 20   F⁵.
18 punctiger Muls.   F⁵.
19 flaveolus Muls.   F⁵.

997. SCRAPTIA Latr.

7 nigriceps Heyd.   And.

ANTHICIDÆ.

999. NOTOXUS Geof.

5 monoceros-Lin. Eur. Corse.
  ♂ *appendicinus* Desb. Rép. 165
12 lobicornis-Reiche Rép. 166 Alg.
  impexus Kiesw. E⁶.
21 bicoronatus-Bed.Rép.165 F⁶Oran.

1000. MECYNOTARSUS Laf.

3 semicinctus Woll.Rép.167 Canar.

1002. FORMICOMUS Mots.

12 uncinatus Desb. Syr.

1003. TOMODERUS Laf.

2 Piochardi Heyd. E.

1004. LEPTALEUS Laf.

6 unifasciatus Desb. Egyp.
7 truncatipennis Desb. Palest

1005. ANTICHUS Payk.

  3 longipilis-Bris. Rép. 168 Tén.
 10 quisquilius-Thoms. Rép. 169 S.
 99 Fairmairei Bris. Rép. 173 F⁶.
113 varus-Mars.Ab.xiv 38' Alg.
114 tortiscelis-Mars.Ab.xiv 38' Alg.
115 dimidiatus-Woll. Rép. 167 Can.
116 lapidosus-Woll.Rép.168 Tén.
117 salinus Crotch.Ab.vi 117 B.
118 ophthalmicus Rottb.Rép.170 Sic.
119 Brucki Kiesw. E.
120 guttifer-Woll.Rép.170 Can.
121 canariensis-Woll.Rép.171 Can.
122 setulosus Thoms. Rép. 171 S.
123 versicolor-Kiesw.Rép.172 E⁶.
124 thyreophorus Solsky.Ab.v181 R₈.
125 Lessepsi Mars.Ab.v192 Egyp.
126 glabellus Truq. Syr.
127 gorgus Truq. Chyp.
128 Iscariotes Laf. Syr.
129 scotius R ye.Rép.172. B.
130 baïcalicus Muls. Sib.
131 constricticollisDesb.Ab.viii124Alg
132 Fairmairei Bris. Rép. 173 F⁶.
133 scydmænoides-Woll.Rép.174 Tén

134 opaculus-Woll.Rép.174 Can.
135 notoxoides Woll.Rép. 175 Lanz.
136 Beckeri Desb. R⁶.
137 Morawitzi-Desb. R⁶.
138 Bruleriei Desb. Egyp.
139 Truquii Desb. Palest.
140 geminipilis Desb. E.
141 femoralis Desb. Syr.
  v. triangulum Desb.
142 libanicus Desb. Liban.
143 cribripennis Desb. Bóne.
144 deplanatus Desb. Syr.
145 longipennis Desb. Palest.
146 caspius Desb. R⁶.
147 mollis Desb. R⁶.
148 dimidiatipennis Desb. Egypt.
149 latefasciatus Desb. R⁶.
150 sulcithorax Desb. Palest.
151 piciceps-Desb. R⁶.
152 lividipes Desb. Syr.
153 semicinctus Desb. Bóne.
154 quadraticeps Desb. Syr.
155 breviusculus Desb. Liban.
156 Bri outi Desb. Pyrén.
157 planiceps Desb. Bóne.

1006. OCHTHENOMUS Scht.

6 senilis Woll. Rép. 175 Palm.
7 concolor Desb.Rép.176 Nat.

MORDELLIDÆ.

1008. MORDELLA L.

6 fasciata-F.Thoms.Rép.177 Eur.Syr.
  v. *basalis*-costa.
16 aurofasciata-Comol. A⁶In.
  Sacheri Friw. Rép. 176.
22 Palmæ Emery Ab.xiv 68 I⁶.

1009. MORDELLISTNA Costa.

10 micans-Germ.Em.95 Eur.Alg.
  minima Costa.
  grisea Muls.
  rectangula Thoms.Rép. 178.
29 Milleri Em.83 Hong.
30 Reichei Em.91 I⁶Syr.

31 Kraatzi Em. 91   R⁵.
32 brevicollis Em. 102   Alg.
33 Tournieri Em. 102   A Helv.
34 sericata Woll. Rép. 178 Fuert. Lanz.
35 atra-Perris Ab. xiii 9   Alg. Syr.
36 brunneipennis-Muls. Em. 77   A.
                                Afr. Syr.

1011. ANASPIS Geof.

17 maculata-Geof. Em. 18   Eur. Afr.
    picta Hamp. Rép. 180
    testacea Snell.
20 nigripes Bris. Rép. 179   EI Cauc.
21 Kiesenwetteri Em. 26   Hong.
22 lutea-Mars. Ab. xiv 26   Egyp.
23 occipitalis Em. 118   R.
24 Costæ Em. 33   FI.
    thoracica Costa.
25 subtilis Hampe Rép. 180   AR⁵.
26 clavifera-Mars. Ab. xiv 25   Egyp.
27 Schneideri Em. 119   Cauc.
28 Revelierei Em. 38   I Corse.
29 dichroa Em. 39   Corse IGTR⁵.
30 Stierlini Em. 40   R⁵ Syr.

1012 SILARIA Muls.

8 scapularis Em. 46   G Syr.
9 suturalis Em. 47   Corse Sard.

1013. PENTARIA Muls.

2 dimidiata-Mars. Ab. xiv 27   Liban.

RHIPIPHORIDÆ.

1016. RHIPIDIUS Thunb.

3 4-ceps Abeil. Rép. 181   F⁰.

1017. EMENADIA Cast.

9 elegans-Mars. Ab. xiv 27   Arab.
10 Raffrayi Fairm. Ab. xiv 27   Alg⁰.

VESICANTES.

MELOIDÆ.

1020. MELOE L.

34 subcyaneus Woll. Rép. 182   Lanz.
35 hiemalis Gredl. Rép. 182   Tyr.
    v. *lævis* Gredl.

36 Iluronensis Salv. Rép. 183   E.
37 ineditus Salv. Rép. 183   E.
38 Baudueri Gren. Rép. 183   F⁵.
39 nudus Woll. Rép. 184   Fuert.

MYLABRIDÆ.

1022. DIAPHOROCERA Heyd.

3 Kerimi Fairm.   Tunis.

1023. RHAMPHOLYSSA Hraatz.

2 Batesi-Mars. Ab. viii 416   Arab.

1024. MYLABRIS F.

130 abiadensis Mars. 29   Egyp.
131 ligata-Mars. 31   Egypt.
132 dubiosa-Mars. 38   Egypt.
133 Baulnyi-Mars. 49   Alg.
134 Ledereri-Mars. 57   Tyr.
135 Javeti-Mars 63   Perse.
136 filicornis-Mars. 64   Egyp.
137 tauricola-Mars. 73   Taurus.
138 4-zonata Fairm.   Tunis Alg.
139 sanguinosa Mars. Ab. viii 417 Perse
140 zebræa-Mars. 79   Natol.
141 fimbriata-Mars. 83   Egyp.
142 euphratica-Mars. 84   Cauc. Perse.
143 punctofasciata Fairm.   Tunis.
144 concinna-Mars. 192   Palest.
145 Goryi-Mars. 88   Perse Arab.
146 Isis-Mars. Ab. xiv 28   Egyp.
147 lævicollis-Mars. 109   Cauc.
148 concolor-Mars. 112   Nat.
149 batnensis-Mars. 121   Alg.
150 14-signata-Mars. 133   Egyp.
151 Raphael Mars. Ab. xiv 29   Perse.
152 lactea Mars. 140   Egyp.
153 Audouini-Mars. 141   Kirg.
154 ægyptiaca-Mars. 142   Egyp.
155 hirtipennis Raff.   Alg⁰.
156 18-maculata-Mars. 147   Afⁿ.
157 boghariensis-Raffr.   Alg⁰.
158 myrmidon-Mars 154   Alg.
159 Doriæ-Mars. 164   Perse.
160 coronata-Mars. 170   Egyp.
161 plurivulnera Dohrn.   Perseₙ.

Coryna Bilb.

162 birecurva-Mars. 184   Syr.
163 dolens Mars. Ab. viii 411   Syr.
164 rubricollis-Mars. Ab. xiv 24' Arab.
165 Allardi-Mars. 192   Biskra.
166 denticulata Mars. Ab. viii 418 Arab

CANTHARIDÆ.

1026. LYDUS Latr.

3 stigmatifrons-Mars. Ab. viii 420 Syr.

1027. ALOSIMUS Muls.

10 opacipennis Fairm. Rép. 185   Alg.

1028. LAGORINA Muls.

5 palæstina Kirsch. Rép 186   Palest.

1029. CANTHARIS Geoff.

11 flavipes-Muls. Ab. vi 383   Syr.

1030. EPICAUTA Redt.

8 Sharpi-Mars. Ab. xiv 27'   Arab.

1032. ZONITIS F.

14 imperialis Woll. Rép. 186   Mad.
   4-punctata Woll.
15 Haroldi Heyd.   E.
16 maculicollis Fairm.   Tunis.

1034. NEMOGNATHA Illig.

5 nigritarsis Stierl.   Casp.
6 flavicornis Stierl.   Casp.

1036. STENORIA Muls.

1 analis-Schm.   Fs.
   v. *colletis*-Mayet.

1037. SITARIS Latr.

8 nitidicollis Abeille Rép. 187   Fs.

ŒDEMERIDÆ.

1043. NACERDES Schmit.

3 aurosa Fairm. Rép. 188   Bône.

1044. ANONCODES Scht.

2 geniculata Scht. Rép. 188   T.
   v. *basalis* Friv.
15 flaviceps-Fairm. Rép. 190   Afr.

16 hispanicus Desbr.   E.
17 pubescens All. Ab. v 470   Fs.
18 versicolor Chevl.   Syr.

1045. ASCLERA Scht.

5 cinerascens-Pand. Rép. 190   Pyr.

1049. ŒDEMERA Ol.

20 cuprata-Reich. Rép. 190   Alg.

1052. CHRYSANTHIA Schmidt.

5 superba Reit.   Oran.

1053. CHITONA Scht.

4 cretica Fairm. Rép. 192   Crète.
5 metallescens Fairm. Rép. 192 Maroc.

CURCULIONIDES.

BRACHYDERIDÆ.

1056. CNEORHINUS Sch.

6 meridionalis-Duv.   Fs Sic. Alg. Syr.
   siculus Rottb.   Sic.
   ♀ *Olivieri* Desb. (Leptolepurus)
   ♂ *asiaticus* Desb.   Bône.
10 carinirostris-Bohm.   E.
   gypsiventer Graëlls.
   Baulnyi-Bris. Rép. 194.
16 argentifer Mars. Rép. 197   E.
   argenteus Perris.
17 rugosicollis Desb. Rép. 193   Sib.
18 maroccanus Tourn.   Maroc.
19 Bellieri Bris. Rép. 193   Pyr.
20 hispanicus Desb. Rép. 196   E.
21 Heydeni Tourn.   Port.
22 setarius Fairm. Rép. 199   Maroc.
23 dispar Graëlls.   E.
   v. *meleagris* Graëlls.
   ♀ *Graellsi*-Bris. Rép. 198
24 cordubensis Kirsch.   Es.
25 tarsalis Tourn.   E.
26 Diecki Tourn.   E.
27 pubescens All. Ab. v 470   Fs.
28 vicinus Desbr.   Es.
29 oxyops Desbr.   Port.

30 sulcifrons Desbr.   E.
31 angustus Desbr.   Port.
32 escorialensis Desbr.   E.
33 5-carinatus Desb.   E.

Catapionus Sch.

34 intermedius Tourn.   Sib.
35 maculatus Tourn.   Sib.
36 viridanus Tourn. ,   Sib.

Heydenia Tourn.

37 crassicornis Tourn.   Sib.

1057. LIOPHLŒUS Germ.

15 Paulinoi Desbr.   Port.
16 sparsutus Tourn.   F.Helv.
17 ineditus Tourn.   Jura.
18 anreopilis Tourn.   A.
19 viridanus Tourn.   A.
20 Kirschi Tourn.   Cauc.
21 amplipennis Tourn.   Helv.
22 modestus Tourn.   Jura.
23 minutus Tourn.   Helv.
24 alpestris Tourn.   Alp.
25 rotundicollis Tourn.   Helv.

1058. BARYNOTUS Germ.

12 maroccanus Fairm.Rép.199 Tanger
13 pyrenæus Bris.Rép.199   Pyrén.
14 caucasicus Desbr.   Cauc.

1059. ACRADIDIUS Kiesw.

1 creticus Kiesw.Ab.xiii 57 Crète.
2 Milleri Tourn.   Syr.
3 ochraceus Tourn.   Syr.

1060. STROPHOSOMUS Bilb.

11 erinaceus-Chevl. Rép. 205   E.
20 globulus Seidl. Rép. 205   EPort.
21 picticollis Seidl. 205   E.
22 curvipes Thoms. Rép. 206   S.
23 constrictus Seidl. Rép. 207   E.
24 alticola Seidl. Rép. 207   E.
25 albolineatus-Seidl. Rép. 207 Rˢ.

Neliocarus Seidl.

26 ebenista-Seidl. Rép. 208   E.
27 formosus Seidl. Rép. 208   Port.

28 monachus Seidl. Rép. 208   E.
29 ovulum Seidl. Rép. 209   E.
30 sagitta Seidl. Rép. 209   E.
31 poricollis Fairm. Rép. 209 Tang.
32 flavipes Chevl. Rép. 209   E.
33 Baudueri Desbr.   Fˢ.

Cauiostrophus Fairm.

34 aberrans-Fairm. Rép. 210 Maroc.
35 Javeti-Desb. Rép. 210   Syr.

1060ᵃ. RHINOGNATHUS Fairm.

1 globulatus Fairm.   Bône.

1061. FOUCARTIA Duv.

6 chloris Kiesw. Ab. xiii 55   G.
9 ruficornis All. Ab. v 471   Alg.
10 lepidota Perris (Omias)   Bône.
11 Lethierryi Desbr.   Oran.

1063. SCIAPHILUS Sch.

17 fasciolatus Fairm. Rép. 24 Tang.
18 alternans Fairm. Rép. 212 Tang.
19 maculatus Hampe Rép. 213   A.
20 cæsius Hampe Rép. 213   A.
21 pertusicollis Fairm.Rép.214 Alg.
22 Hampei-Seidl. Rép. 214   A.
23 rasus Seidl. Rép. 214   Dalm.
24 Henoni-All. Ab. v 471   Alg.
25 squalidus-Gyl. (Polyd?)   Podol.
     Beckeri-Stierl. Ab. iv 67.

1064. CHILONEUS Sch.

4 algericus Desb. Rép. 215   Alg.
5 carinidorsum Desb. Rép. 215 Alg.
6 Chevrolati Tourn.   Port.

1065. EUSOMUS Germ.

15 armeniacus Kirsch.Rép.216 Cauc.
16 sphæropterus All. Ab. v 475 Alg.
17 Beckeri Tourn.   Rˢ.

1068. BRACHYDERES Sch.

15 pubescens-Bohm.   Alp.
     quercus Bell. Rép. 217   Fˢ.
17 cribricollis-Fairm. Rép. 217 Fˢ.
22 scutellaris-Seidl. Rép. 216 E.
23 4-punctatus Fairm.   Port.

25 punicus Desb. Alg.
26 Crotchi Fairm. Rép. 238 Mogad.
　　maroccanus Desb.
27 asperulus Fairm. Rép. 239 Alg.
　　obscurus Desb.
28 persulcatus Fairm. Rép. 239 Alg.
　　argenteus Per. Rép. 245 E.
　　congener–Desb. Alg.
29 emarginatus Desb. Port.
30 seriesetulosus Desb. Liban.
31 angustus Desb. Alg.
32 hirtellus–Desb. E.
33 latithorax–Desb. E.
34 tomentosus Desb. E.
35 cribricollis Desb. Alg.
36 marmoratus Desb. Maroc.
37 tigratus Desb. Maroc.
38 serripes Desb. E.
39 oblongiusculus Desb. Oran.
40 obesulus Woll. Rép. 242 Lanz.
41 corsicus–Perris Rép. 242 Corse.
42 Beloni Desb. Malte.
43 dubius Desb. Corse.Sard.
44 Uhagoni Desb. E.
45 submetallicus Desb. E.
46 ahenus Desb. E.
47 Olivieri Desb. Bóne.
48 longipilis Seidl. Rép. 243 E.
49 pusillus Seidl. 244 E.
50 auricollis Desb. Alg.
51 Rolphi Fairm. Rép. 244 Maroc.

1075ª. HERPISTICUS Germ.

1 calvus Woll. Rép.246 Lanz.Fuert.
2 oculatus Woll. Rép. 246 Lanz.

1077. AMONPHUS Dohrn.

5 dissimilis Desb. Eˢ.
6 Reichei Desb. G.

1078. TANYMECUS Germ.

25 Revelierei Tourn. I.
26 metallinus Fairm. Rép.246 Tang.
　　femoralis Desb.
27 sareptanus Desb. Rˢ.
28 nevadensis Desb. E.

29 rotundicollis Tourn. Rˢ.
30 arcuatipennis Desb. Sᵇᵉ.
31 Beckeri Desb. Rˢ.
32 variatus Desb. Rˢ.
33 bidentulus Desb. Rˢ.
34 nubeculosus Fairm.Rép.247 Alg.
35 cinereus Desb. Alg.
36 Zuberi Desb. Rˢ.
37 subvelutinus Desb. Alg.
38 Lethierryi–Desb. Alg.
39 alboscutellatusChevl.Rép.247 Oran
40 griseus Rottb. Sic.

1079. CHLOROPHANUS Germ.

16 separandus Desb. R.
17 Crotchi Desb. Cauc.
18 nitidulus Desb. Rˢ.

1080. GEONOMUS Sch.

4 Olcesi Tourn. Tang.

1081. PSALIDIUM Illig.

11 separandum Desb. Syr.
12 minutum Desb. Syr.
13 tauricola Mars. Ab. nouv. XLVIII
　　　　　　　　Taurus.
14 simile Desb. .....
15 aurigerum Desb. Syr.

OTIORHYNCHIDÆ.

1082. OTIORHYNCHUS Sch.

411 caunicus–Stierl. Ab. 749 E.
　　amputatus Chevl. Ab. 174.
412 Simoni Bed. Alp.
413 asturiensis–Chevl. Ab. 750 E.
414 rotundicollis Stierl. Syr.
415 dubitabilis Fairm. Ab. 193 Syr.
416 calcaratus Stierl. N...
417 phasma Rottb. Ab. 765 Sic.
418 caucasicus Stierl. Ab.751 Cauc.
419 depressus Stierl. Cauc.
420 spoliatus Stierl. Ab. 752 A.
421 granulatostriatus Stierl. Cauc.
422 depressior Mars. Ab. 752 N...
　　subdepressus Stierl.
423 planophthalmus Heyd. E.

424 Henoni Fairm. Ab. 228 Alg.
425 lombardus Stierl. Ab. 234 I.
426 Gastoni-Fairm. Ab. 397 Alg.
427 gemellatus Stierl. G.
428 subcostatus-Stierl. Ab. 240 Alp.
429 Khuenburgi Stierl. Ab. 242 A.
430 decorus Stierl. E.
431 Brancsiki Stierl. Hong.
432 globatus Mars. Ab. 250 Tyr.
    globulus Gredl.
433 teter Gredl. Ab. 250 Tyr.
434 coronatus Stierl. Ab. 753 G.
435 Gobanzi Stierl. Ab. 754 Tyr.
436 Tournieri Stierl. A.
437 seriehirtus Mars. Ab. 754 Helv.
    seriehispidus Stierl.
438 cribratostriatus Stierl. Ab. 755 G.
439 modestus Stierl. G.
440 procerus Stierl. F⁸.
441 dieckidius Mars. Ab. 756 Iⁿ
    Diecki Stierl.
442 teretirostris-Stierl. Ab. 279 Alp.
443 tenuicornis-Mill. Ab. 283 Styr.
444 delicatulus Stierl. Ab. 285 Alp.
445 heteromorphus Rottb. Ab. 766 Sic.
446 fusciventris Fuss. Ab. 757 Carpat.
447 bruckensis Mars. Ab. 372 G.
    Brucki Stierl.
448 asplenii-Mill. Ab. 331 A.
449 Riessi Fuss. Ab. 757 Carpat.
450 Kasbekianus Stierl. Cauc.
451 Bonvouloiri Stierl. Ab. 353 Alp.
452 Beckeri Stierl. Cauc.
453 irregularis Stierl. Ab. 758 G.
454 Ledereri Stierl. Ab. 759 Natol.
455 subrotundatus Stierl. Cauc.
456 villosus Stierl. Ab. 760 G.
457 Javeti Stierl. Ab. 363 F.
458 armicrus Fairm. Ab. 368 Syr.
459 hellenicus Stierl. Ab. 760 G.
460 gravidus Stierl. Ab. 761 G.
461 Annibali Stierl. Ab. 762 Syr.
462 ponticus Stierl. Ab. 762 Alp.
463 semituberculatus Stierl. Ab. 763 Syr
464 messenicus Stierl. Ab. 763 G.

465 Piochardi Stierl. Ab. 372 Alp.
466 longipes Stierl. Ab. 764 A.
467 breviusculus Stierl. Cauc.
468 Christophi Stierl. Casp.
469 aberrans Stierl. Syr.
470 Schmonli Stierl Casp.
471 judaïcus Stierl. Cauc.
472 minutus Stierl. R⁸.
473 paradoxus-Stierl. Ab. 401 Syr.
474 Allardi-Stierl. Alg.
475 Marseuli-Stierl. Ab. 400 N...
476 Lederi Stierl. Cauc.
477 Coyei-Mars. Ab. v 196 Syr.
478 auripes Stierl. Perse.
479 Fausti Stierl. N...
480 Reitteri Stierl. Cauc.
481 Schneideri Stierl. Cauc.
482 nasutus Stierl. Cauc.
483 Kirschi Stierl. Cauc.
484 Kirschi Mars. Ab. 433 G.
    griseus Kirsch.
485 erinaceus Stierl. Cauc.

Stomodes Sch.

486 puncticollis Tourn. Ab. 455 Sic.
487 Schaufussi Mill. Ab. 456 Dalm.
488 angustatus-Stierl. Ab. 768 G.

Parameira Seidl.

489 islamita Mars. Ab. 458 T.
    setosa Seidl.
490 caucasica Stierl. Cauc.

1085. TROGLORHYNCHUS Sch.

4 baldensis Czwal. Mᵗ Baldo.
5 camaldulensis Rottb. Ab. 451 I.
6 latirostris Barg. Ab. 767 I.
7 poster-Mars. Ab. 449 Corse.
    Grenieri All.

1086. HOLCORHINUS Sch.

5 albomarginatus-Luc. Ab. x 12 Alg.
    ♀ *cæsicollis* Desb. Rép. x 195
    (Cneorhinus).
6 parvulicollis-Mars. Ab. x 13 Alg.
    parvicollis Seidl.
    ? *punctatus* All.
    v. *siculus* Seidl. Ab. x 13 Sic.

7 conglobatus Seidl. Ab. x 14   Alg.
8 pygmæus Seidl. Ab. x 14   Alg.
9 otiorhynchoides Fairm.   Bône.

1067. CYCLOMAURUS Fairm.

2 armipes–Seidl. Ab. x 17   Alg.

1067ᵃ. CYRTOLEPUS Desb.

1 Lethierryi Desb.   Bône.

1088. CŒNOPSIS Bach.

4 Reichei Tourn.   E.

1089. PERITELUS Germ.

38 globulicollis Seidl. Ab. x 61   Eˢ.
39 hybridus Seidl. Ab. x 61   Eˢ.
40 curticollis–Mars. Ab. x 86 Corse.
   brevicollis–Seidl.
   insularis Desb. Ab. xiv 10 Corse.
41 muscicola–Desb. Ab. xiv 11 Corse.
   muscorum Desb.
42 foveithorax Desbr.   Corse.

Meira Duv.

43 squamans Mars. Ab. x 89 Corse.
   squamulatus Reiche (Cathormioc.)
   corsicus Desb.
   minutissimus Desb.
44 latiscrobs Desb. Ab. xiv 10 Corse.
45 hamatus–Seidl. Ab. x 91 Corse.
   uniformis Desb.
46 setulifer Desb.   Alg.
47 edoughensis Desb.   Bône.
48 microphthalmus Seidl.Ab.x92 Sic.
49 leptosphæroides Seidl.Ab.x92 Alg.

Mylacus Sch.

50 pustulatus Seidl. Ab. x 24   T.
51 armipotens–Mars. Ab. x 27   T.
   armatus Seidl.
52 turcicus Seidl. Ab. x 27   Nat.
53 indutus Ksw.(Omias)Ab.x28 Egyp.
54 rhinolophus Seidl. Ab. x 29   Eˢ.
   ? *bæticus* Schauf.
55 Senaci Desb.   T.
56 ? subplumbeus Desb.   Bône.

1089ᵃ. CYCLOPTERUS Seidl.

1 spinifer Seidl. Ab. x 30   Alg.

1090. OMIAS Sch.

47 Hanaki Friv. Ab. x 561   Honɡ.
48 micans Seidl. Ab. x 563   Fˢ.
49 cypricus Seidl. Ab. x 563 Chyp.
50 metallicus–Mars.Ab.x564 Sic.Alɡ.
   metallescens Seidl.

1066. BARYPEITHES Duv.

4 glomus Mars. Ab. x 574   A.
   globus Seidl.
   v. *sphæroides* Seidl.
5 virguncula Seidl. Ab. x 575   A.
6 montosus Mars. Ab. x 577   FA.
   montanus Chevl.
7 styriacus Seidl. Ab. x 578 Styr.
8 violatus Seidl. Ab. x 579   Fᵉ.
9 scydmænoides Seidl.Ab.x581Apɛn
10 vallestris Hampe Ab. x 584   A.

1062. PLATYTARSUS Sch.

2 aurohirtus–Seidl. Ab. x 593   T.
3 subnudus Seidl. Ab. x 596   A.
4 amphibius Mars. Ab. x 598   A.
   transylvanicus Seidl.

1092. TRACHYPHLŒUS Germ.

18 Seidlitzi Bris. Ab. 607   E.
19 pustulifer Mars. Ab. 609   E.
   pustulatus Seidl.
20 reicheianus Mars.Ab.609 Maroc.
   Reichei Seidl.
21 Godarti Seidl. Ab. 610   Alɡ.
22 cruciatus Seidl. Ab. 611   Oran.
23 aureocruciatus Desb. Ab. 612 Corse
24 orbitalis Seidl. Ab. 612   Alɡ.
25 parallelus Seidl. Ab. 614 Honɡ.
26 Truquii Seidl. Ab. 617   Chyp.
27 maculatus–Perris Ab. 620 Sard.
28 rugaticollis Mars. Ab. 621 I Honɡ.
   rugicollis Seidl.
29 gracilicornis Seidl. Ab. 623 Syr.
30 ypsilon Seidl. Ab. 623   Honɡ.
   v. *turcicus* Seidl.
31 coloratus All. Ab. 626   Alɡ.
32 setermis–Mars.Ab.627 FˢE Sic Alg
   setiger Seidl.

33 algerinus Seidl. Ab. 627   Oran.
34 canaliculatus Schauf.Ab.638 Major
35 rostratus Thoms. Ab. 638   S.
   scaber Thoms.
36 brevirostris Bris. Ab. 630   E.
37 myrmecophilus Seidl. Ab. 633 E.
38 guadarramus Seidl. Ab. 634   E.
39 granulus Mars. Ab. 635   Fs.
   granulatus Seidl.
40 syrus Mars. Ab. 636   Syr.
   syriacus Seidl.

1093. CATHORMIOCERUS Sch.

8 maritimus Rye   B.
9 cordicollis Seidl. Ab. 645 Pyr.E.
10 mutandus–Mars. Ab. 647   E.
   Chevrolati Seidl.
11 Diecki Seidl. Ab. 647   E.
12 curviscapus Seidl. Ab. 648 EAlg.
13 gracilior–Fairm. Ab. 650   Alg.
14 lapidicola–Chevl. Ab. 651   E.
   Vuillefroyi Bris.
15 hirticulus Seidl. Ab. 652 EsAlg.
   excursor Seidl. 68.
16 gracens–Mars. Ab. 653   E.
   gracilis Seidl.
17 Lethierryi Chevl. Ab. 654   E.
   v. *Capiomonti* Seidl.
18 irrasus Seidl. Ab. 655   E.
19 lilliputanus Mars. Ab. 655   E.
   pygmæus Stierl.
20 Grandini Desb. Ab. 656   Alg
21 Marqueti Desb.   Oran.
22 discors Desb.   Corse.

1095a. BUBALOCEPHALUS Cap.

1 bison Mars. Ab. 500   E.
   Kiesenwelteri Cap.
2 rotundicollis Cap. Ab. 500   E.

1095b. LICHENOPHAGUS Woll.

1 auctus Woll. Ab. 507   Hierro.
   v. *amplificatus* Woll.   Gom.
2 tesserula Woll. Ab. 508   Tén.
3 persimilis–Woll.Ab.509 Tén Palm.
4 subnodosus–Woll. Ab. 509   Hier.

5 sculptipennis Woll.Ab.510 Palma.
6 fossicollis–Mars. Ab. 511   Tén.
   impressicollis Woll.
7 buccator Woll. Ab. 512   Gom.

1096. LAPAROCERUS Sch.

3 undatus–Woll. Ab. 517   Tén.
4 excavatus–Woll.Ab.517Tén.Gom.
5 grossepunctatus–Woll.Ab.518 Tén.
6 crassirostris Woll. Ab. 520   Can.
7 crassifrons–Woll. Ab. 521   Tén.
8 Wollastoni Mars. Ab. 521   Tén.
   scapularis Woll.
9 æthiops Woll. Ab. 522   Hierro.
10 hirtus Woll. Ab. 522   Can.
11 inæqualis Woll. Ab. 523   Tén.
12 globosipennis Mars.Ab.524 Hierro
   globulipennis Woll.
13 occidentalis Woll.Ab.524 Hierro.
14 obtriangularis Woll.Ab.525 Tén.
15 ellipticus–Woll. Ab. 525
            Tén.Gom.Palm.
16 tumens Mars. Ab. 526   Gom.
   inflatus Woll.
17 bellopterus Mars.Ab.527Tén.Palm
   lepidopterus Woll.   Hier.Can.
18 rasus Woll.Ab.527   Lanz.Fuert.
19 seniculus Woll. Ab. 528   Can.
20 subopacus Woll. Ab. 528   Gom.
21 obscurellus Mars. Ab. 529   Tén.
   obscurus Woll.
22 mendicus–Woll. Ab. 530 Hierro.
23 gomeræcola Mars. Ab. 531 Gom.
   gracilis Woll.
24 dispar Woll. Ab. 531   Lanz.
25 debilis Woll. Ab. 532   Tén.
26 velatus–Mars. Ab. 532   Tén.
   vestitus–Woll.
   v. *affinis* Woll.
27 persitus–Mars. Ab. 534   Can.
   obsitus Woll.
28 tenellus Woll. Ab. 534   Tén.
29 puncticollis Woll.Ab.535 Hierro.
30 tectus Mars. Ab. 535   Gom.
   indutus Woll.

31 compactus Woll. Ab. 536   Can.
32 canalirostris Mars. Ab. 537 Can.
   sulcirostris Woll.

Atlantis Woll.

33 subnebulosus Woll. Ab. 541 Can.
34 tibialis-Woll.Ab.542 TénPalmHier
35 grayanus Woll. Ab. 544   Can.
   angustulus Woll.

1099ᵃ. STROPHOMORPHUS Seidl.

1 breviusculus-Mars. Ab. 480   Syr.
   Bruleriei Desb.   Liban.
2 minutus Tourn.   Liban.
   libanicus Desb.
3 algericus Tourn.   Alg.
4 ursus Desb.   Palest.
5 sejugatus Desb.   Chyp.
6 brevipilis Desb.   N...
7 ctenotus Desb.   Palest.
8 sublævigatus Desb.   Palest.

1100. PHYLLOBIUS Germ.

63 Achardi Desb. Ab. 675   TNat.
64 Brisouti Desb. Ab. 681   Palest.
65 pilicornis Desb. Ab. 686   TA.
66 pilipes Desb. Ab. 692   Sard.
67 squarrosus Desb. Ab. 693   Eˢ.
   squamosus Bris.
   hirtus Seidl.
68 reichidius Desb. Ab. 694   Sic.
69 etruscus Desb. Ab. 696   IAT.
70 brachycornis Desb. Ab. 700   A.
71 fulvipilis-Desbr. Ab. 702   I.
72 breviatus Desb. Ab. 705   AGT.
73 parviceps Desb. Ab. 707   TNat.
74 serripes Desb. Ab. 708   G.
75 maculifer Desb. Ab. 710   A.
76 stierlinensis Desb. Ab. 714   A.
77 crassior Desb. Ab. 718   Sib.
78 artemisiæ Desb. Ab. 722   Alp.
79 mutabilis Desb. Ab. 724   R.
80 latithorax Desb. Ab. 730   Sib.
81 mirandus Desb.   Liban.
82 obliquus Desb.   Syr.

Corigetus Desb.

83 marmoratus Desb. Ab. 746   Sib

TROPIPHORIDÆ.

1105. TROPIPHORUS Sch.

7 tricristatus Desb. Rép. 348   F

BRACHYCERIDÆ.

1108. BRACHYCERUS F.

40 balearicus Bed.   Il.Baléar.
41 Kabylianus-Desb.   Algᵉ.
   velutinus Desb.
42 cylindripes-Bed.   Tang.
43 hypocrita-Bed.   E.
44 foveifrons Bed.   Syr.
45 spinicollis Bed.   Syr.

1108ᵃ. HERPES Bed.

1 porcellus-Bed.   Syr.

MINYOPIDÆ.

1111ᵃ. RHYTIRHINUS Sch.

20 scaber All.   G.
21 interruptus-Bris.   E.
22 Bonvouloiri-Bris.   E.
23 similaris Tourn.   Tang.
24 brevitarsis-Woll. Rép. 249 Lanz.
25 asper-All.   Algᵉ.
26 Kirschi Tourn.   Egyp.
27 Saintpierrei-All.   Algᵉ.
28 caudatus Bris.   E.
29 escorialensis Bris.   E.
30 Brucki All.   E.
31 alpicola Fairm. Rép. 249   Alp.
32 sabulicola Raff.   Alg.

1112. GRONOPS Sch.

2 lunatus-F.   Eur.
   v. *seminiger*-All.   E.
5 Jekeli All.   Egyp.
6 sibiricus All.   Sibᵉ.
7 pretiosus Tourn.   Port.Maroc.

STYPHLIDÆ.

1114 STYPHLUS Sch.

8 discoidalis Fairm.Rép.250   Alp.

1115. DICHOTRACHELUS Stierl.

6 Graëllsi-Perris Rép.250   E.
9 angusticollis Chevl.Rép.231   F^c.
10 Manueli Mars.Ab.vii 403   Savoie.
11 Koziorowiczi Desb.   Corse.
12 Knechti Stierl.   Iⁿ.
13 maculosus Fairm.Rép. 251   Alp.

MOLYTIDÆ.

1118. ANISORHYNCHUS Sch.

10 punctatosulcatus Desb.   Port.
11 carinicollis Fairm.Rép.252 Tanger
12 fallax Desb.   E Port.
13 hesperius Desb.   E Port.
14 gallicus Desb.   F^s.
15 maroccanus Desb.   Tanger.

1121. LIOSOMUS Sch.

1 Discontignyi-Bris.Rép.253   Pyr.
6 Lethierryi Bris.Rép.251   Pyr.
8 muscorum-Bris.Rép.255   Pyr.
   v. *geniculatus* Bris.
9 rufipes Bris.Rép.257   Pyr.
15 pyrenæus-Bris.Rép.256   Pyr.
16 robustus-Seidl.Rép.252   E.
17 Reynosæ Bris.Rép.254   E.
18 Isabellæ Tschap.   Styr.
19 Pandellei Bris.Rép.258   Pyr.
20 Kirschi Gredl.Rép.259   Tyr.
21 scrobifer Rottb.   Sic.
22 hipponensis Desbr.   Bône.
23 ampliatus Desb.   Batna.
24 oblongus Desbr.   Alger.
25 sericefoveatus Desb.   Alger.

1120ª. XENOMICRUS Woll.

1 apionides-Woll.Rép.260 Tén.Palm

1123. PLINTHUS Germ.

10 cucullus Woll.Rép.260   Can.
11 Perezi Bris.Rép 261   E.

MYORHINIDÆ.

1126. MYORHINUS Sch.

4 subvittatus Fairm.Rép.263   Syr.

1127. TRACHODES Sch.

6 ægyptiacus Tourn.   Egypt.

SCYTROPIDÆ.

1129. SCYTROPUS Sch.

2 squamosus-Kiesw.   Pyrén.
   argenteolus Chevl.Rép 264
3 glabratus-Chevl.Rép.263   E.
4 cedri-Mars.Ab.v 193   Alg.
5 Warioni-Mars.Ab.xiv 87'   Oran.
   ? *calisonatus* Fairm.(Arhinus).
6 dentipes Seidl.Rép. 624   E.
7 Javeti Desb.   Majorq.
8 Lethierryi Desb.   F^s.
9 Desbrochersi-Raffr.   Alg.

HYPERIDÆ.

1130. ALOPHUS Sch.

9 alternans Woll.Rép.265   Gom.
10 magnificus Woll.Rép.265   Tén.

1117. MACROTARSUS Sch.

2 notatus Cap.   R^s Sib.
3 ottomanus Desb.   T.

1131. PHYTONOMUS Sch.

84 Kraatzi Cap.   Hong.
85 arvernicus Cap.   Mt Dore.
86 pyrenæus Cap.   Pyr.
87 orientalis Cap.   G.
88 Mniszechi Cap.   Sib^e.
89 marmoratus Cap.   Carn.Hong.
90 Aubei Cap.   Pyr.
91 vicinus Cap.   Alg. Tang.
92 insularis Cap.   Chyp
93 pantherinus Cap.   Perse.
94 segnis Cap.   Tyr.
95 tristis Cap.   Pyr^e.
96 Bonvouloiri-Cap.   Pyr.
97 Brucki Cap.   Toscan.
98 Lucasi Cap.   Maroc.

99 obscurus Cap.   Fˢ.
100 ibericus Cap.   Eˢ.
101 porcellus Cap.   G.Rhodes.
102 Barnevillei–Cap.   Pyr.
103 Fairmairei Cap.   Fˢ.
104 dubius Cap.   Fˢ.
105 rudicollis Cap.   Port.
106 sierranus–Cap.   E.
107 Piochardi Cap.   Alp.
108 hispanicus–Cap.   E.
109 Delarouzéi Cap.   Pyr.
110 lusitanicus Cap.   Port.
111 montivagus Cap.   E.
112 proximus Cap.   Port.
113 Perrisi Cap.   E.
114 guttipes–Cap.   Alg.
115 Chevrolati–Cap.   Alg.
116 Deyrollei Cap.   Port.
117 tumidus Cap.   E.
118 perplexus Cap.   Fˢ E Alg.
119 Marmottani Cap.   Alg.
120 hiericonticus Cap.   Palest.
121 Reichei Cap.   G.
122 Saulcyi Cap.   Syr.
123 vittulatus Fairm.   Tunis.

124 irroratus Woll.   Can.
125 fallax Cap.   E.
126 Leprieuri Cap.   Alg.
127 brevirostris Cap.   E.
128 Grandini–Cap.   Alg.
129 Vuillefroyanus Cap.   Eˢ.
130 Heydeni–Cap.   Mong.
131 decipiens Cap.   Cauc.
132 brevicollis–Cap.   Rˢ.
133 Bohemanni–Cap.   Alg.
134 subvittatus Cap.   G Syr.
135 tychioides Cap.   Rˢ.
136 Rogenhofferi Ferr.   Servie.
137 albicans–Cap.   E Alg.
138 Poupillieri Cap.   Alg.
139 Pandellei–Cap.   Pyr.
140 lepidus Cap.   Daur.
141 brevipes Desb.   Eˢ.
142 ponticus Cap.   Nat.

143 ægyptiacus Cap.   E.
144 ornatus Cap.   Sibᵒ.
145 denominandus Cap.   Rˢ Sib.
146 sinuatus Cap.   Mésop.
147 Stierlini Cap.   Helv.
148 jucundus Cap.   Sic. Alg. Syr.
149 gracilentus Cap.   Alg.
150 scolymi–Cap.   Sic.E.Alg.
151 Lethierryi Cap.   E.
152 egregius–Cap.   Alg.
153 interruptostriatus Desb.   Rˢ.
154 arcuatus Desb.   Eˢ.

1132. LIMOBIUS Sch.

4 Hampei Cap.   Transylv.

1133. CONIATUS Germ.

8 lætus Mill.Ab.vi 97   G.
   ionicus Cap.   Corfou.

CLEONIDÆ.

1135. EUMECOPS Hoch.

2 spicatus Chevl.   Sib.

1136. LEUCOSOMUS Chevl.

5 heros Chevl.   Algˢ.
6 angulatus Chevl.   Sic.Alg.
7 furcifrons–Mars.Ab.xiv 90'   Oran.

1137ᵃ. EXOCHUS Chevl.

1 gigas–Mars.Ab.v 197   Alg.
2 ellipticus Fairm.Rép.267   Alg.
3 basigranatus Fairm.Rép.268   Alg.
4 latus Chevl.   Sib.
5 simplicirostris Chevl.   Perse.
6 persicus Chevl.   Perse.

1138. CLEONUS Sch.

Xanthochilus Chevl.

47 canescens Chevl.   Egyp
48 longus Chevl.   Syr.
49 niloticus Chevl.   Egyp.
50 montivagus Chevl.   Sib

Cyphocleonus Mots.

51 Lejeunei Fairm.Rép.269   Alg.
52 achatesides Chevl.   Nat.

53 Miegi Fairm.   E.
Piochardi Bris.Rép.268
54 Marmottani Bris.Rép.270   E.
55 Raymondi Pers.Ab.vii 22   Sard.
sardeus Chevl. Rép.269

Porocleonus Mots.

56 scrobicollis Mots.   Sib.
57 insidiosus Chevl.   Rˢ.

Pycnodactylus Chevl.

58 tomentosus-Fahr.   Alg.
fuscoirroratus Chevl.   Perse.
cretosus Fairm.Rép.271   Alg.
.59 Armitagei Woll.Rép.271   Tén.
60 picticollis Fairm.   Tunis.

1139. STEPHANOCLEONUS Mots.

30 margineguttatus-Chevl.   Sib.
31 deportatus Chevl.   Sib.
32 lineirostris Chevl.   Daur.
33 semicostatus Chevl.   Sib.
34 niveus Chevl.   Sib.

Plagiographus Chevl.

35 Amori-Mars.Ab.v 192   Eˢ.
gaditanus Chevl.
36 Saintpierrei-Chevl.Rép.273 Oran.
37 albirostris Chevl.   Egyp.
38 podolicus Chevl.   Podol.
39 Lethierryi Chevl.   E.
40 Graellsi Chevl.   Fˢ E.
41 variolosus Woll.Rép.273   Fuert.

1140. MECASPIS Sch.

11 albovirgatus Chevl.   Alg.

1142. LEUCOMIGUS Mots.

2 albotesselatus Fairm.Rép.274 Alg.

1143. BOTHYNODERES Sch.

74 sareptensis Chevl.   Rˢ.
75 nigrocinctus Chevl.   Rˢ.
76 luscus Chevl.Rép.274   E.
77 Menetriesi Chevl.   Turcm.
78 betavorus Chevl.   ARˢ.
79 caucasicus Chevl.   Cauc.
80 Crotchi Chevl   E.

81 uniformis-Chevl.   E.
82 hispanus Chevl.   E.
83 fissirostris Chevl.   Perseⁿ.
84 maculicollis Chevl.   Malte.
85 Genei Chevl.   Sard.
86 peregrinus Chevl.   Fˢ.
87 angulicollis Chevl.   T.
88 mus Chevl.   Sard.
89 serieguttatus Desbr.   Alg.Egyp.

Temnorhynchus Chevl.

90 pilosus Chevl.   Kirg.
91 kirghisicus Chevl.   Kirg.
92 albofimbriatus Chevl.   Alg.
93 ægyptius Chevl.   Egyp.
94 turbinatus-Chevl.Rép.272   Alg.

Conorhynchus Mots.

95 plumbeicollis Chevl.   Rˢ.
96 pistor Chevl.   Syr.
97 Heydeni Desb.   Rˢ T.

1144. PACHYCERUS Sch.

10 Abeillei Chevl.   Fˢ E.

Rhabdorhynchus Mots.

11 seriegranosus-Chevl.   Alg.

1145ᵃ. CŒLOSTETHUS Cap.

1 villosus Cap.   E Alg.
v. *hispanicus* Cap.
2 siculus Cap.   Sic.
3 Diecki Cap.   Eˢ.
4 orientalis-Cap.   A T Syr.
smyrnensis Cap.

1145. RHINOCYLLUS Germ.

8 Schœnherri Cap.   Cauc.
9 oblongus Cap.   GT.Syr.

1146. MICROLARINUS Hoch.

2 humeralis Tourn.   Egyp.

1147. LARINUS Germ.

83 Saintpierrei-All.Ab.v 472 Maroc.
84 sanctæ-Balmæ Abeil.Rép.275 Fˢ.
85 ægyptiacus Cap.   Egyp.
86 albolineatus Cap.   Egyp.

87 inæqualicollis Cap.   R⁵ Syr.
88 ochroleucus Cap.   Cauc.
89 Kirschi Cap.   Egyp.
90 atomarius Cap.   Nat.
91 stricticollis Desb.   Cauc.
92 Reichei Cap.   F⁵ E⁵.
93 puncticollis Cap.   Syr.
94 griseus Cap.   Alg.
95 suborbicularis Cap.   E.Maroc.
96 maroccanus Cap.   Maroc.
97 arabicus Cap.   Arab.
98 crassus Cap.   Syr.
99 crassus Dohrn.   Persen.
100 castaneus Cap.   Alg.
101 australis-Cap.   F⁵E I.Hong.
102 ferrugineus Cap.   Sib.
103 griseotesselatus Cap.   Alg.
104 serratulæ-Beck.Ab.iv 199   R⁵.
105 Darsi Cap.   Perse.
106 rufipes Desb. Rép.276   Nat.
107 Lethierryi Bris.Rép.278   E.
108 Heydeni Cap.   Alg.
109 ovalipennis Cap.   Nat.
110 Schœnherri Cap.   E.Alg.
111 Lejeunei-Cap.   Alg.
112 albocinctus Chevl.Rép.278 E.
113 escorialensis Bris.Rép.277 E.
114 volgensis-Beck.Ab.iv 199   R⁵.
115 albomarginatus Cap.   E.
116 orientalis Cap.   Nat.
117 Westringi Cap.   Alg.
110 Leuzeæ Fabre Rép.279   F⁵.

1148. LIXUS F.

13 castellanus Chevl.Rép.279 E.Alg
21 hypocrita Chevl.Rép.280   E.
26 brevirostris Dohrn.Cap. F⁵E Sic.
    nanus-Dohrn.   Alg.
    cretaceus Chevl.Rép.282.
114 Reichei Cap.   Alg.
115 gracilicornis Cap.   Syr.
116 bidens Cap.   Sic.
117 validirostris Cap.   Oran.
118 perparvulus Desb.Rép.280 F⁵.
119 Marqueti Desb.Rép.284   F⁵.

120 difficilis Cap.   Hong.
121 brevipes Bris.Rép.282   E.
122 curvirostris Cap.   Sard.
123 Saintpierrei Cap.   Oran.
124 trivittatus-Cap.   F⁵.
125 lateralis Bris.Rép.284   E.
126 insularis Cap.   Sic.
127 puncticollis Bris.Rép.284 E.
128 euphorbiæ Cap.   Hong.
129 lutescens Cap. Sic.Dalm.Cauc.Syr
130 nubianus Cap.   Egyp.
131 Kraatzi Cap.   R⁵.
132 tricolor Cap.   Sib.
133 Theophili Cap.   Nat.
134 biskrensis Cap.   Alg.
135 soricinus-Mars.Ab v 200 Alg.
136 dubitabilis Fairm.   Tunis.

HYLOBIDÆ.

1151. HYLOBIUS Germ.

10 sparsutus Tourn.   Maroc.
11 longicollis Tourn.   Maroc.

1152. PISSODES Germ.

10 rotundicollis Desb.Rép.285 R.

1152ª. ACRISIUS Desb.

1 Koziorowiczi-Desb.   Corse.
    asperatus Per.Ab.vii 26.

ERIRHINIDÆ.

1153. PROCAS Steph.

2 Cottyi-Per.Rép.286   Alg.
6 pellitus Desb.   Alg.

1153ª. ACRODRYA Tourn.

1 Brucki Tourn.   Toscane.

1153ᵇ. JEKELIA Tourn.

1 ephippiata-Fairm.   Tang.
    ahena Desb.(Prolobodont.)
2 depressipennis Tourn.   Alg.
3 Bruleriei Desb.   Syr.

1153ᶜ. COLCHIS Tourn.

1 tibialis Tourn.   Egyp.
2 carinirostris Tourn.   Mingrel.

1155. AUBEONYMUS Duv.

3 notatus Muls.Rép.287   I[n].

1156ᵃ. PRIONOCHELUS Desb.

1 biskrensis Desb.   Biskra.

1157. ERIRHINUS Sch.

46 Gerhardti Letzn.   A.
47 pilifer Gredl.Rép.288   Tyrol.

Notaris Germ.

48 granulipennis Tourn.   T.

Erycus Tourn.

49 Brancsiki-Tourn.   Hong.

SHARPIA Tourn.

50 Heydeni Wenck.Ab.iv 52   AA.
51 grandis Tourn.   Perse.

Pseudostyphlus Tourn.

52 bilunulatus-Desb.Rép.288   R[s].

Dorytomus Germ.

19 vorax-F.   Eur.
   auripennis Desb.Rép.289 Corse.
   meridionalis Desb.Rép.190   E.
20 tremulæ-Payk.   Eur.
   ♀ *amplithorax* Desb Rép.289 F[n].
53 Silbermanni-Wenck.Ab.iv129   F.
54 amplipennis Tourn.   Cauc.
55 edoughensis Desb.   Bône.

1158. MECINUS Germ.

12 Schneideri Kirsch.Rép.290 Egyp.
13 læviceps Tourn.   R[s].
14 Heydeni Wenck.Ab.iv   Alsace.
15 Reichei Tourn.   Alg.
16 nasutus Tourn.   I[s].
17 alternans Kirsch.   E[s].
18 humeralis Tourn.   Sic.
19 Fairmairei Tourn.   Tang.

1161. BAGOUS Germ.

32 Friwaldskyi Tourn.   Hong.
33 mingrelicus Tourn.   Cauc.
34 Revelierei-Tourn.   Corse.
35 Olcesi Tourn.   Tang.
36 costulatus Perris Ab.vii23   Corse.

37 curtirostris Fairm.   Tang.
38 Chevrolati Tourn.   Port.Maroc.
39 muticus Thoms.Rép.291   S.
40 longitarsis Thoms.Rép.292   S.
41 dilatatus Thoms.Rép.293   S.
42 caudatus Thoms.Rép.293   S.
43 nigritarsis Thoms Rép.294   S.

1163. GERANORHINUS Chevl.

2 Seidlitzi Kirsch.   Cauc.
3 elegans-Seidl.Rép.295   E.
   rufirostris Seidl.
   Brunnani Schauf.
4 suturalis-Laed.Rép.296   Egyp.

1166. SMICRONYX Sch.

13 pauperculus Woll.Rép.296 Can.
14 puncticollis Tourn.   Helv.
15 scriepilosus Tourn.   T.
16 funebris Tourn.   Alg.
17 scops Tourn.   R[s].
18 cretaceus Tourn.   I.Ionien.
19 nebulosus Tourn.   F[s] E.
20 modestus Tourn.   Helv.
21 striatipennis Tourn.   Hong.Syr.
22 Kiesenwetteri Tourn.   Alg.
23 rufipennis Tourn.   Egyp.
24 Revelierei Tourn.   Corse.
25 angustus Fairm.   Tunis.
26 variabilis Fairm.   Alg.
27 angusticollis Farm.   Alg.
28 rudicollis Fairm.   Alg.

1168. ANOPLUS Sch.

3 setulosus-Kirsch.Rép.296   A.

1168ⁿ. ENDALISCUS Kirsch.

1 Skalitzyi Kirsch.   Bohêm.

APIONIDÆ.

1170. APION Herbst.

206 conspiscuum Desb.Ab.vii 192 F.
207 consanguineum Desb.Rép.297 A.
208 breviatum Desb.   F[c].
209 cantabricum Desb.   E.
210 russicum Desb.Rép.298   R[s].

RHINOMACERIDÆ.

1173. RHYNCHITES Herbst.

1174. AULETES Sch.

MAGDALINIDÆ.

1178. MAGDALINUS Germ.

22 Heydeni-Desb. Ab. vi 21   A.
23 cæruleipennis-Desb. Ab. vi 24 A⁵.
24 striatulus Desb. Ab. vi 32   Aⁿ.
25 exaratus-Bris. Ab. vi 32   Eur.
26 Kraatzi Weise Rép. 323   A.
27 mixtus Desb. Ab. vi 51   Eur⁵.
28 turcicus Desb. Ab. vi 52   Eur.
29 caucasicus Tourn.   Cauc.

BALANINIDÆ.

1179. BALANINUS Germ.

16 propinquus Desb.   T.
17 sericeus Desb.   F.
18 Reichei Desb.   Eur⁵.
19 syriacus Desb.   Syr.
20 Deyrollei Tourn.   Cauc.

ANTHONOMIDÆ.

1180. ANTHONOMUS Germ.

22 bituberculatus Thoms.Rép. 324 S.
23 Bonvouloiri Desb.   I.
24 sibiricus Desb.   Sib.
25 pyrenæus-Desb.   Pyr.
26 britannicus Desb.   B.
27 Chevrolati-Desb.   Eur. Alg.
28 pruni-Desb.   Pyr.
29 distinguendus Desb.   F⁵.
30 conspersus-Desb.   FAB.
   v. *Javeli* Desb.
31 Kirschi-Desb.   A.
32 Stierlini Desb. Rép. 325   G.
33 Baudueri Desb.   Syr.
34 gracilipes Desb.   Fⁿ.
35 discoidalis Tourn.   Egyp.

1180ᵃ. SPHINCTICRÆRUS Mars.
Aubeus Desb.

1 constrictus-Mars. Ab. vi 385 Alg.
   ? *Lethierryi* Desb. Rép. 325 Alg.
2 Bruleriei Desb.   Syr.
3 strangulatus Tourn.   Egyp.

1181. BRADYBATUS Germ.

5 Sharpi Tourn.   Sib.

1183. ORCHESTES Illig.

37 luteicornis Chevl. Rép. 326   F.
38 œnipontanus Gredl. Rép. 326 Tyr.
39 montanus Chevl.   F.
40 5-maculatus-Chevl. Ab. iv 66' F.
41 atratus-Prell.   A.
42 sericeus Tourn.   Taurus.
43 astrakanicus Tourn.   R⁵.

CORYSSOMERIDÆ.

1187. ZYGOPSIDES Mars.

1 berytensis Mars. Ab. v 201   Syr.

SIBYNIDÆ.

1187. LIGNYODES Sch.

4 Muerlei Ferrari   A.
5 obliquefasciatus Fairm.   T.

1188. ELLESCHUS Steph.

3 brevirostris Desb.   I⁵.

1189. TYCHIUS Germ.

109 similis Tourn.   Sic. Alg.
110 5-lineatus Tourn.   Egyp.
111 modestus Tourn.   G.
112 astragali-Beck. Ab. iv 191   R⁵.
    trivirgatus Desb.
113 affinis-Becker Ab. iv 200   R⁵.
114 tessellatus Tourn.   E⁵.
115 arietatus Tourn.   Helv.
116 aureomicans Tourn.   E.
117 aridicola Woll. Rép. 328
                    Lanz. Fuert. Can.
118 parallelipennis Desb.   Alg.
119 mixtus Desb.   Maroc.
120 tenuirostris Tourn.   Palest.
121 dispar Tourn.   I⁵.
122 depauperatus Woll.Rép.327 Fuert
123 dimidiatipennis Desb.   Alg.
124 scriepilosus Tourn.   Egyp.
125 depressicollis Tourn.   Alg.
126 hypætrus Tourn.   Sic. Alg.
127 laticollis-Perr. Rép. 328   E⁵.
    suavis Bris. Rép. 331.
128 Raffrayi Tourn.   Alg.

129 grandicollis Desb.   Alg.
130 sericeus Desb.   Alg.
131 pauperculus Tourn.   Alg.
132 subsulcatus Tourn.   Hong.
133 longitubus Desb.   Alg.
134 Brisouti Tourn.   Jura.
135 albilaterus-Stierl. Ab. iv 190 R[s].
136 bivittatus-Perris Rép. 327 Corse.
137 Hueti Tourn.   I[s].
138 longiusculus Tourn.   R[s].
139 terrosus Tourn.   I[s].
140 Heydeni Tourn.   Egyp.
141 Morawitzi-Becker   R[s].
      confusus Desb.
142 carinicollis Tourn.   R[s].
143 italicus Tourn.   I[s].
144 deliciosus-Perr. Ab. vii 26 Sard.
145 Olcesi Tourn.   PortAlg.
146 Chevrolati Tourn.   Port.
147 Kiesenwetteri Tourn   Servie.
148 acosmus Tourn.   R[s].
149 Beckeri Tourn.   R[s].
150 crassirostris Kirsch.Rép.329 A.
151 sericatus Tourn.   Helv.
152 longulus Desb.   R[s].
153 flavus Becker   R[s].
154 breviusculus Desb.   Alg.
155 difficilis Tourn.   Carint.
156 dentipes Tourn   Alg.
157 obscurus Tourn.   Tang.
158 armatus Tourn.   I Sic.Alg.
159 decretus Tourn.   Alg.
160 comptus Tourn.   I CorseAlg.
161 subellipticus Desb.   F[s].
162 sericatus Tourn.   Alg.
163 reduncus Tourn.   Tang.
164 hirtellus Tourn.   Crète.
165 ruficornis Tourn.   Syr.
166 neapolitanus-Tourn.   Naples.
167 rufipes Tourn.   Hong.
168 perpendus Tourn.   Liban.
169 similaris Tourn.   Alg.
170 ochraceus Tourn.   Syr.
171 Sharpi Tourn.   Helv.
172 convexiusculus Desb. | Syr.

173 breviusculus Desb.   Alg.
174 seriesquamosus Desb.   Egyp.
175 cervicolor Desb.   Syr.
176 oppositus Desb.   Palest.
177 palestinus Desb.   Palest.
178 guttifer Desb.   Liban.
179 lacteoguttatus Desb.   Liban.
180 Bruleriei Desb.   Syr.
181 hebes Desb.   Palest.

Pachytychius Jekel.

182 latipes Desb. (Scypotych.)   Syr.
183 discithorax Desb.   Alg.
184 undulatus Desb.   Alg.
185 Picteti-Tourn.   Sic.Tang.
186 pachyderus Fairm.Rép.330 Tang.
187 bæticus Kirsch.   E[s].
188 subrinus Tourn.   Syr.
189 trapezicollis-Tourn.   Alg.
190 globithorax Desb.   F.
191 lineolatus Desb.   Pyr[e].
192 depressus Desb.   Bône.
193 deplanatus Desb.   Alg.
194 granulicollis Tourn. Port. Alg.

Styphlotychius Jekel.

195 subasper-Fairm.Rép.232 E[s]Alg.
196 Lacordairei Tourn.   Alg.
197 hypocrita Tourn.   Alg.
198 Kirschi Tourn.   Alg.

Barytychius Jekel.

199 globipennis Tourn.   Cauc.
200 curtirostris Desb.   Corse.

Miccotrogus Sch.

201 suturatus Perris Rép. 332 Corse.
202 acuminirostris Bris.Rép.333 E.

Sibynes Sch.

203 multilineatusDesb.(Apeltar.)Oran
204 strigulatus Desb. (Apeltar.) Syr.
205 nigrovittatus Desb.   Alg.
206 inclusus Desb.   Bône.
207 Heydeni Tourn.   GEAlg.Syr.
208 meridionalis-Bris. Rép. 334 F[s].

209 Tournieri–Becker   R⁸.
   staticis Monter.
210 minutissimus Tourn.   R⁸.
211 bipunctatus Kirsch. Rép. 335
           Alg.Egyp.Syr.
212 fuscus Tourn.   Egyp.
213 Reichei Tourn.   I⁸ Chyp.
214 Hoffgarteni Tourn.   Hong.
215 grisescens Tourn.   Helv.
216 aurithorax Desb.   Alg.
   auricollis Desb.
217 Roelofsi Desb.   Port.
218 abdominalis Tourn.   Hong.
219 rudepilosus Tourn.   T.
220 Beckeri Tourn   R⁸.
221 curtirostris Tourn.   F⁸ Helv.
222 amplithorax Desb.   Alg.
223 Perrisi Tourn.   F⁸ I.
224 formosus Aubé Rép. 336   F⁸.
225 velutifer Desb.   F⁸.
226 cinerascens Walk.   Egyp.
227 sericeus Woll. Rép. 334   Can.

CIONIDÆ.

1190. CIONUS Clairv.

22 telonensis–Gren. Rép. 337   F⁸.
   globulariæ Kiesw.
24 distinctus–Desb. Rép. 336 Corse.

1191. NANOPHYES Sch.

33 nigritius Gredl. Rép. 338   Tyr.
34 pœcilopterus Bris. Ab. vi 334 Alg.
35 syriacus–Bris. Ab. vi 327   Syr.
36 bilineatus Tourn. Ab. vi 338 Alg.
37 centromaculatus Costa Ab. 341 I.
   Oliveri Desb.
   v. *cæsifrons* Chevl.
38 lunulatus–Woll. Ab. vi 342 Can.
39 inconspicuus Bris. Ab. vi 345 Alg.
40 biskrensis Bris. Ab. vi 347   Alg.
41 minutissimus–Tourn. Ab. vi 347 Alg.
42 maculatus Tourn. Ab. vi 348 Alg.
43 Doriæ Bris.   I.
44 tristigma Rottb.   Sic.

GYMNETRIDÆ.

1192. GYMNETRON Sch.

48 inermicrus Desb.   R⁸.
49 Zuberi Desb. Rép. 338   R⁸.
50 plantaginis Eppels   A.
51 melinus–Reit.   Oran.
52 bellus Reit.   Oran.
53 biarcuatus Desb. Rép. 339 Corse.
54 Pirazzolii Stierl. Ab. vii 198   I.
55 pipistrellus Mars. Ab. vi 386 Alg.
56 vittipennis–Mars. Ab. vi 383 Syr.
57 Heydeni Desb.   E.
58 Schwartzi Letzn.   A.
59 mixtus Muls   F⁸.

Miarus.

60 scutellaris–Bris. Rép. 339   F⁸.
61 Marseuli–Coye Ab. vi 376   Syr.

CRYPTORHYNCHIDÆ.

1195. ARTHROSTENUS Sch.

4 alternans Kirsch. Rép. 340 Egyp.

1198ᵃ. GRAPHICOTERA Tourn.

1 excelsa Tourn.   Corse.

1199. CAMPTORHINUS Sch.

2 simplex Seidl. Rép. 341   E⁸ Pyr.
3 fasciatus Schauf.   G.

1200. ACALLES Sch.

26 Æonii–Woll.   Tén. Gom.
27 Olcesi Tourn.   Tang.
28 sigma Woll. Rép. 341   Palma.
29 fortunatus–Woll. Rép. 342 Gom Hier
30 senilis–Woll. Rép. 342 Gom. Hier.
31 brevitarsis Woll. Rép. 343 Gᵈᶜ–Can.
32 acutus Woll. Rép. 343   Tén.
33 instabilis Woll. Rép. 344 Tén. Palm.
34 xerampelinus Woll. Rép. 344 Tén.
35 nubilosus Woll. Rép. 345   Tén.
36 seticollis–Woll. Rép. 346 Hierro.
37 pilula Woll. Rép. 346 Tén. Palm
   v. *seminulum* Woll.
38 verrucosus Woll. Rép. 347   Tén.
39 croaticus Bris.   Croat.

40 Reynosæ Bris.   E.
41 Graëllsi Martinez   E.
42 validus Hampe Ab. iv 620   A.
43 sophiæ Tschap.   Styr.
44 setulipennis-Desb. Rép.348 Corse.
45 Raffrayi Desb. Rép 348   Alg.
46 Giraudi Muls.   Fᵃ.
47 brevis Tourn.   ,   Tang.

1200ᵃ. ECHINODERA Woll.

1 hystrix-Woll.Rép.349 Palm.Hier.
2 crenata Woll. Rép. 350   Tén.
3 angulipennis-Woll. Rép. 350 Tén.
4 orbiculata-Woll. Rép. 351   Tén.
5 compacta Woll. Rép. 351   Can.
6 picta Woll. Rép. 351   Fuert.

1200ᵇ. TORNEUMA Woll.
Crypharis Fairm.

1 orbatum Woll. Rép. 353   Gom.
2 robustum Dieck. Rép. 353 Tang.
3 tingitanum Dieck. Rép. 354 Tang.
4 planidorse-Fairm.Rép.355Alg.Sic.
    Rosaliæ-Rottb.
5 Raymondi-Fairm.Ab.vii 19 Sard.
6 longicolle Tourn.   Alg.
7 deplanatum Hampe Ab. iv 61 Sic.
8 strigirostre Fairm.   Tang.
9 convexiusculum Fairm.   Alg.
10 subterraneum Fairm.   Alg.

RHAMPHIDÆ.

1203. RHAMPHUS Clairv.

1 Kiesenwetteri Tourn.   Iˢ Sic.

CEUTORHYNCHIDÆ.

1204. MONONYCHUS Germ.

6 4-fossulatus Chevl.   Alg.
7 tangerianus Chevl.   Tang.

1205. CŒLIODES Sch.

25 pudicus Rottb.   Sic.

1206. SCLEROPTERUS Sch.

3 carpathicus-Brancsic.   A.

1208. CEUTHORHYNCHUS Germ.

14 Chevrolati Bris.   Pyr.
    Barnevillei Gren.Rép.355.
61 dimidiatus Friv. Rép. 357   A.
80 vicinus-Bris. Rép. 358   FA.
164 Crotchi Bris. Ab. v 437   B.
165 granulicollis Thoms.   S.
166 similis Bris. Ab. v 441   A.
167 Zurlo-Bris. Ab. v 443   Alg.
168 cupulifer Bris. Ab. v 443   Alg.
169 rugicollis Bris. Ab. v 444   Alg.
170 subglobosus Bris. Ab.v 442 Pyr.
171 biimpressus Bris.Ab.v 444 Alg.
172 funicularis Bris.Ab.v 445 Bône.
173 canaliculatus Bris. Ab. v 445 A.
174 subulatus Bris. Ab. v 453   E.
175 sublincellus Bris. Ab. v 457   G.
176 numidicus Bris. Ab. v 439 Alg.
177 judæus Bris. Ab.v 442   Palest.
178 insidiosus Bris. Ab. v 455   E.
179 squamulatus Bris. Ab. v 456 E.
180 algericus Bris.Ab.v 456 Sic.Alg.
181 obscurus Bris. Ab. v 454   E.
182 antennalis Bris. Ab. v 453   E.
183 phytobioides Woll.Rép.356 Tén.
184 hesperus Woll.Rép.356 Hierro.
185 gratiosus Bris.Ab.v 460   Fˢ.
186 hungaricus Bris.Ab.v 461 Hong.
187 austriacus Bris. Ab. v 462   A.
188 italicus Bris. Ab. v 463   I.
189 Sternbergi Thoms.Rép.357   S.
190 distinctus Bris.Ab.vii 41   Pyr.
191 Lethierryi Bris.Rép.358   E.
192 nebulosus Bris.Rép. 359   E.
193 Molleri Thoms. Rép. 361   S.
194 intermedius Bris.Ab.v 449 Pyr.
195 pyrenæus Bris. Ab. v 439   Pyr.
196 minimus Rye.   B.
197 cynoglossi Frauenf.Ab.vi 104 A
198 Diecki Bris.   E.
199 vocifer Rottb.   Sic.

1209. POOPHAGUS Sch.

3 Hopffgarteni Tourn.   Hong.

1212. PHYTOBIUS Sch.

3 muricatus Bris. Rép. 362 F.

1214. AMALUS Sch.

2 alpinus Hampe Rép. 363 Alg.

1215. BARIDIUS Sch.

56 sulcipennis Bris. A.
57 Chevrolati-Coye. Ab. vi 378 Syr.
58 dispilotus Solsky Rép. 363 Sib.
59 dalmatinus Bris. Dalm.
60 limbatus Bris. ER°.
61 vicinus-Bris. Syr.
62 alboguttatus Bris. Alg.
63 setifer Bris. Sic. Alg.
64 albomaculatus Bris. E.
65 Stierlini Tourn. Sic.
66 nivalis-Bris. E. Alg.
67 fallax-Bris. FA.
68 andalusicus Bris. E.
69 limbatus Bris. R°.
70 parumpunctatus Fairm. Tunis.
71 granulipennis Tourn. Egyp.

CALANDRIDÆ.

1217. SPHENOPHORUS Sch.

9 siculus Stierl. Sic.
10 Grandini-Mars. Alg.
  pumilus All.

COSSONIDÆ.

1222. AMAURORHINUS Fairm.

2 narbonensis-Bris. Rép. 365 F°.
3 crassiucsulus Fairm. Rép. 366 I.

1224. RAYMONDIA Aubé.

4 Marqueti-Aubé Rép. 368 F°.
5 apennina Dieck. Rép. 366 Apen.
6 curvinasus Abeil. Per. Rép. 367 F°.
7 longicollis Per. Ab. vii 29 Corse.
8 sardoa Per. Ab. vii 30 Sard.

1225ª. ALAOCYBA Perris.

1 carinulata Per. Ab. vii 31 Sard.

1227. PHLŒOPHAGUS Sch.

6 pyricollis Woll Rép. 368 Mad.

1228. RHYNCOLUS Creutz.

16 nitidipennis Thoms. Rép. 369 S.
17 grandicollis-Bris. Rép. 370 Pyr.

SCOLYTIDÆ.

1229. HYLASTES Er.

14 Bonvouloiri Chapuis Alg.

1230. HYLURGUS Latr.

2 destruens Woll. Rép. 371 Mad.

1234. PHLŒOPHTHORUS Woll.

4 praenotatus Gredl. Rép. 371 Tyr.

1235. HYLESINUS F.

12 retamae Perr. Rép. 373 E.
13 Esaü Gredl. Rép. 372 A.
14 Putoni Eichf. Rép. 372 E.
15 Perrisi-Chapuis Corse.
16 indigenus Woll. Rép. 373 Hierro.

1238. SCOLYTUS Geoff.

14 laevis Chapuis A.
15 nitidulus Chapuis F°.

1239. XYLOTERUS Er.

4 longicollis Woll. Rép. 374 Fuert.

1240. CRYPTURGUS Er.

3 cedri Eichf. Rép. 374 Corse.
4 mediterraneus-Eichf. Rép. 374 F°.
5 dubius Eichf. Rép. 375 Pyr.
6 concolor-Woll. Can.

1242ª. TRIOTEMNUS Woll.

1 subretusus-Woll. Rép. 375 Gom.

1242ᵇ. APHANARTHRUM Woll.

1 tuberculatum-Woll. Rép. 375 Hierro
2 canescens-Woll. Rép. 376 Can. Gom.
  v. *simplex* Woll.
3 pygmaeum-Woll. Rép. 377 Palma.
  v. *laticolle* Woll.
4 bicinctum-Woll. Rép. 377 Tén.
  v. *obsitum* Woll.
  v. *vestitum* Woll.

1242ᶜ. LIPARTHRUM Woll.

1 nigrescens Woll. Rép. 378   Tén.
   bituberculatum Woll.
2 bicaudatum-Woll. Rép. 379   Gom.

1242ₐ. STEPHANODERES Eichf.

1 Hampei Ferrari   Transyl.
2 setosus Eichf.   Dan.

1244. BOSTRYCHUS F.

17 Judeichi Kirsch. Rép. 379   Oural.
18 amitinus-Eichf. Rép. 380   A.
19 Marshami Ryc. Rép. 380   E.
20 omissus Eichf. Rép. 381   A.
21 4-dens Thoms. Rép. 382   S.
22 proximus Eichf. Rép. 382   Eurˢ.

1246. DRYOCŒTES Eichf.

3 dactyliperda-F.   Fˢ.
8 Leprieuri Per. Rép. 382   Alg.
9 Eichoffi Ferrari   G.

1247. XYLEBORUS Eichf.

9 angustatus Eichf. Rép. 383 Volhyn.

ANTHRIBIDÆ.

1254ᵃ. ENEDREYTES Sch.

2 oxyacanthæ-Bris. Rép. 384   F.

1257. BRACHYTARSUS Sch.

6 constrictus Stierl. Ab. VII 197   Rˢ.
7 fallax Abeil. Per.   Fˢ.

1259. CHORAGUS Kirby.

3 Grenieri-Bris. Rép. 385   Fˢ.

BRUCHIDÆ.

1260. URODON Sch.

12 angularis-All.   Alg.
13 longus-All.   Alg.
14 spinicollis Perris Ab. VII 32   Alg.
15 villosus-All.   Rˢ.

1261. CERCOMORPHUS Perr.

1 Duvali Per. Rép. 387   E.

1263. BRUCHUS L.

102 incarnatus-Bohm.   Alg.
   rubiginosus Desb. Rép. 388 Port

---

129 Lallemanti-Mars. Ab. XIV 39' Alg
130 terminatus Woll.   Tén.
131 antennatus Woll. Can. Tén. Palm.
132 Brisouti Kr.   Fˢ.
133 emarginatus All.   Syr.
134 Perezi Kr.   FE Alg.
   meridionalis All.
135 annulicornis Ali.   Syr.
136 ignarium All.   G.
137 centromaculatus-All.   Egyp.
138 Chevrolati All.   Egyp.
139 unicolor-All.   Syr.
140 Reichei All.   Syr.
141 caninus (Germ)   FE.
   uniformis-Bris.
142 annulipes All.   Syr.
   radula Desb. Rép. 387   Rˢ.
143 albescens All.   Fˢ.
144 Martinezi All.   E.
145 musculus Solsky Ab. V 283   Rᵃ.
146 denticornis All.   E.
147 nudus-All.   Sic. G.
148 Poupilieri All.   E Alg.
149 brunnipes All.   Syr.
150 Stierlini All.   Sic.
151 lineatus All.   I.
152 similis Solsky Rép. 388   Sib.

1263ᵃ. AGLYCIDERES Westw.

1 setifer-Westw. Ab. I 107'   Can.

LONGICORNES.

SPONDYLIDÆ.

1267. CYRTOGNATHUS Thoms.

3 aquilinus Thoms.   Turcm.

1269. POLYARTHRON Serv.

2 Desvauxi Fairm. Rép. 390   Alg.

1270. ERGATES Serv.

3 grandiceps Tourn.   Mésopot.

CERAMBYCIDÆ.

1273ₐ. PACHYDISSUS Solsky.

1 sartus Solsky   Turcm.

1273ᶜ. PLOCEDERUS Thoms.

1 Raddei Blessig. Sib.
2 Caroli Leprieur Alg.

1275. PURPURICENUS Serv.

9 Ledereri–Ferrari Perse.
10 Haussknechti Witte Syr.
   ♂ *aleppensis* Witte.
11 Fettingi Schauf. Chyp.
12 bilunatus Schauf. Port.
13 Nicocles Schauf. Chyp.

1277. ANOPLISTES Serv.

4 sanguinipennis Blessig. Sib.

1277ᵃ. APHELES Solsky.

1 gracilis Solsky Sib.

CALLIDIDÆ.

1282. CALLIDIUM F.

4 femoratum-L. SFA.
   v. *pilicolle* Thoms. Rép. 390
24 signaticolle Solsky Sib.
25 cinnaberinum Solsky Sib.
26 Ledereri Fairm. Rép. 391 Syr.
27 caucasicum Desb. Cauc.
28 spinicorne Abeil. Per. Rép 391 F.
   Varini Bedel. Ab. vi 94
29 lineare Hampe Rép. 392 Corfou.
30 chlorizans Solsky Rép. 393 Sib.

1284. HYLOTRUPES Serv.

2 Kozioroviczi Desb. Corse.

1286. OXYPLEURUS Muls.

2 pinicola Woll. Rép. 394 Palm.
3 scutellaris Costa I.

1290. ASEMUM Esch.

2 punctulatum Solsky Sib.

1292. CRIOCEPHALUS Muls.

2 epibata Schiœdte Rép. 395 S Corse.
   ferus-Kr. Ab. vi 399 Syrie.

1293. ALLOCERUS Muls.

   Cyamophthalmus Kr.
2 nitidus Fairm. Rép. 396 G Alg.

1295. STROMATIUM Serv.

2 inerme Tourn. Mésop.

CLYTIDÆ.

1297. CLYTUS F.

15 cinereus Gory. F A.
   Duponti Muls.
   Sterni Kr. Rép. 397
   Auboueri Desb.
55 pulcher Blessig. Sib.
56 signifer Mars. Rép. 396 Syr.
   insignitus Fairm.
57 Favieri Fairm. Maroc.
58 Otti Chevrol. Natol.
59 Stierlini Tourn. Helv.
60 gratiosus--Mars. Ab. v 203 Syr.
61 Deyrollei Tourn. Servie.

1299. OBRIUM Latr.

4 caucasicum Tourn. Perse.

1301ᵃ. XYSTROCERA Serv.

   Neomarius Fairm.
1 Gandolphei Fairm. Alg.

MOLORCHIDÆ.

1304. MOLORCHUS F.

6 Marmottani Bris. Rép. 399 Pyr.

1306. BRACHYPTEROMA Heyd.

   Dolocerus Muls.
1 ottomanum-Heyd. Ab. vi 40 TI Sic.
   Reichei Muls.
   ♂ *Mulsanti* Stierl. Ab. vii 173.

1308. CALLIMUS Muls.

3 egregius Muls. Rép. 400 Syr.

LAMIDÆ.

1311. DORCADION Dalm.

19 Spinolæ-Dalm. E.
   Mulsanti Rép. 403 E.
108 Ledereri Thoms. Rᵉ.
109 Mniszechi Kr. Ararat.
110 lugubre-Kr. G.

111 brunneicolle Kr.   Perse.
112 spectabile Kr.   Perse.
113 Brannani-Schauf.   Port.
114 rugosum–Thoms.   Sib.
115 Pluto Thoms.   Sib.
116 Iserni Per. Arc. Rép. 400   E.
117 biforme Kr.   Perse.
118 serotinum Thoms.   Syr.
119 cachino Thoms.   Caram.
120 confluens Fairm. Rép. 401   Syr.
121 Heydeni Kr.   E.
122 Reynosæ-Bris. Rép. 409   E.
123 Uhagoni-Per. Arc. Rép. 404 E.
124 escorialense Chevl. Rép. 402 E.
125 impressicolle Kr.   Syr.
126 Weyersi–Fairm.   Syr.
127 gallipolitanum Thoms.   T.
    sutura alba Desb. Ab. vii 125.
128 pilosellum Kr.   Mytilene.
129 striolatum Kr.   Cauc.
130 formosum Kr. Rép. 406   Cauc.
131 scrobicolle Kr.   Natol.
132 sericatulum Kr.   Cauc.
133 macropus Kr.   Syr.
134 libanoticum Kr.   Liban.
135 micans Thoms.   Cauc.
136 sanguinolentum Thoms.   Armen.
137 cinctellum-Fairm. Rép. 407 Syr.
138 bosdaghense-Fairm. Rép. 40 Syr.
139 apicale Chevl.   Syr.
140 arcivagum Thoms.   R⁵.
141 culminicola Thoms.   R⁵.
142 loratum Thoms.   ET.
143 grammophilum Thoms.   Armén.
144 Saulcyi Thoms.   Syr.
145 sareptanum Kr.   R⁺.
146 fallax–Kr.   T.
147 Heldreichei Kr.   G.
148 Javeti Kr.   Syr.
149 Beckeri–Kr.   R⁵.
150 minutum Kr.   G.
151 pusillum-Kr.   R⁵.
152 elegans Kr.   T.
153 insulare Kr.   G.
154 semilineatum Fairm. Rép. 405 Syr

155 forcipiferum Kr.   Palest.
156 aurovittatum Kr.   Syr.
157 semivelutinum Kr.   Natol.
158 seminudum Kr.   Cauc.
159 semilucens Kr.   Mongol.
160 Piochardi Kr.   Natol.
161 basale Kr.   Armén.
162 Kollari Kr.   Armén.
163 4-pustulatum Kr.   T.
164 Stableaui Chevl. Rép. 408 Pyr.
165 drusum Chevl. Rép. 408   Syr.
166 Abeillei Tourn.   T.
167 auratum Tourn.   R⁵.
168 balkanicum Tourn.   T.
169 Gandolphei Tourn.   G.
170 immersum Tourn.   T.
171 Linderi Tourn.   E.
172 modestum Tourn.   Cauc.
173 nodicorne Tourn.   Taurus.
174 impressicorne Tourn.   Cauc.
175 obesum Tourn.   Surram.

1315. MONOHAMMUS Serv.

4 guttatus Solsky   Sib.
5 nitidior-Abeil. Per. Rép. 411 Eurⁿ Sib

1318ᵃ. EURYCOTYLE Solsky.

1 Maacki Solsky   Sib.

1321. POGONOCHERUS Latr.

10 bidentatus Thoms.   S.
11 dimidiatus Solsky   Sib.

1321ⁿ. RHOPALOSCELIS Solsky.

1 1-fasciatus Blessig.   Sib.

1322. BELODERA Thoms.

    Stenidea Muls.

4 hespera–Woll. Rép. 411   Hierro.

SAPERDIDÆ.

1325ⁿ. TYLOPHORUS Bless.

1 Wulffusi Blessig.   Sib.

1327. AGAPANTHIA Serv.

22 insularis–Gaut.   Corse.
23 Reyi Muls. Rép. 412   E.

1329. SAPERDA F.

13 8-maculata Blessig. Sib.
14 carinata Solsky Sib.

1333. OBEREA Muls.

13 vittata Blessig. Sib.

1335ᵃ. CONIZONIA Fairm.

1 Coquerelli Fairm. Alg.
2 Allardi Fairm. Rép. 413 Alg.
3 elegantula Fairm. Rép. 413 Alg.
4 heterogyna Fairm. Rép. 414 Alg.

1336. PHYTŒCIA Muls.

54 annulipes Muls. Rép. 415 Syr.
55 manicata-Muls. Rép. 416 Syr.
56 orientalis Kr. Rép. 415 TG.
    fuscicornis Muls.
63 Lacordairei Pasc. Ab. vi 121 G.
64 balsamifera Mots. Balkans.
65 Blessigi Moraw. Ab. iv 72' Rˢ.
66 Coquerelli Fairm. Alg.
67 algerica Desb. Ab. vii 126 Alg.
68 punctigera Solsky Sib.
69 Bolivari Per. Arc. E.
70 murina-Mars. Ab. vi 384 Syr.

LEPTURIDÆ.

1337. VESPERUS Latr.

2 flaveolus-Muls. Rép. 417 Alg.
4 ocularis-Muls. Rép. 419 Syr.
7 conicicollis Fairm.Rép.418 Maroc.

1338. RHAMNUSIUM Latr.

3 juglandis Fairm. Rép. 420 Natol.

1339. RHAGIUM F.

3 grandiceps Thoms. Rép. 420 S.

1342. TOXOTUS Serv.

7 biformis Tourn. Perse.
8 Lacordairei Pascoe. G.

1344. PACHYTA Serv.

16 balcanica Hamp. Rép. 421 T.
17 tibialis-Mars. Ab. xiv 103' Syr.
18 Beckeri Desb. Cauc.
19 ussuriensis Blessig. Sib.

1345. OMPHALODERA Blessig.

1 Pusilof Blessig. Sibᵉ.

1346. STRANGALIA Serv.

20 lanceolata Muls. Rép. 423 E.
25 adustipennis Solsky Rép. 421 Sib.

1346ᵃ. STRANGALOMORPHA Blessig.

1 tenuis Blessig. Sibᵉ.

1347. LEPTURA L.

18 montana Muls. Rép. 424 Chyp.
25 grandicollis Muls. Rép. 425 Syr.
29 nigropicta Fairm.Rép.423 Syr.Cauc
30 globicollis Desb. Ab. vii 127 T.
31 excelsa Costa Ab. iv 31' Calabr.
32 mingrelica Tourn. Mingrel.
33 distincta Tourn. Perse.

1348. ANOPLODERA Muls.

8 rufiventris Tourn. I.
9 gibbicollis Blessig. Sib.

1349. CORTODERA Muls.

3 monticola Abeil. Per.Rép.425 Alp.
4 discolor-Fairm. Rép. 426 Syr.

1350. FALLACIA Muls.

1 longicollis Muls. Rép. 427 Cauc.

1351. GRAMMOPTERA Serv.

5 auricollis Muls. Rép. 428 Alg.
9 bicarinata Arnold. R.
10 Friwaldskyi Kr. A.
11 rufipes Kr. Natol.

PHYTOPHAGES.

DONACIDÆ.

1353. DONACIA F.

32 Lacordairei-Per. Rép. 429 E.
33 platysterna Thoms. Rép. 428 S.
34 glabrata Solsky Sib.
35 sibirica Solsky Sib.
36 viridula Sahlb. Lap.

1354. HÆMONIA Latr.

7 incisa Sahlb. Finl.
8 rugipennis Sahlb. Finl.

CRIOCERIDÆ.

1357. LEMA F.
11 gallæciana Heyd.   E^x.

1358. CRIOCERIS Geof.
16 nigropicta Woll.   Can.

1359. RHÆBUS Fisch.
2 Mannerheimi-Mois.   R^{s}Sib.
   Beckeri Suffr.   Casp.
   sagroides Solsky.

CLYTRIDÆ.

1360. CLYTRA Laich.

Labidostomis Lacd.
118 maroccana Lefèv.   Maroc.
119 lucaniformis Lefèv.   Maroc.
120 maculipennis-Lefèv.Rép.430 TR.
   Kindermanni Kr.   Syr.
121 cavifrons Lefèv.   Tang.
122 diversifrons Lefèv.   ISyr.
   speculifrons Kr.
123 decorata Morav. Ab. iv72' Kirg.
124 senicula Kr.   R^s.
125 lepida Lefèv.   E.
126 metallica-Lefèv.   R^s.
127 Leithneri Redt.   A.
128 rugicollis Lefèv.   Turcm.
129 Lejeunei Fairm.   Alg.
   Pelissieri Buq.
130 trifoveolata-Desb.   Bône.

Calyptorhina Lacd.
131 opaca Rosh.   EAlg.
   Lethierryi Chevl.
   bisbipunctata Desb.
   andalusica Heyd.
132 Warioni Lefèv.   Oran.

Titubæa Lacd.
133 nigriventris Lefèv.   R.
134 Perrisi Desb.   Alg.
135 13-punctata Desb.Ab.vii 70 Alg.
136 10-guttata Walk.   Arab.
137 attenuata Fairm.   Tunis.

Gynandrophthalma Lacd.
138 scutellaris Lefèv.   Syr.
139 djebellina-Lefèv.   Syr.
140 græca-Lefèv.   Syr.
141 manicata Lefèv.   E.
142 judaïca Lefèv.   Syr.
143 brevicornis Lefèv.   EOran.

Cheilotoma Redt.
144 Raffrayi Desb. Ab.vii 130 Corse.
145 Reyi Bris.   E.

Coptocephala Redt.
146 5-notata Lefèv.   Corse.
147 fossulata-Lefèv.   Sic.
148 Kerimi Fairm.   Tunis.
149 æneopicta Fairm.   Alg.
150 biornata Lefèv.   Syr.

EUMOLPIDÆ.

1363. CHLOROPTERUS Morav.
1 versicolor-Morav. Ab. i 42^{i} ' R^s.
2 bimaculatus Raffr. Ab. xiv 26 Alg.
3 stigmaticollis Fairm.Ab.xiv27Tunis

1363ª. BEDELIA Lefèv.
1 insignis Lefèv. Ab. xiv 28 Perse.
2 angustata Lefèv. Ab. xiv 29 Egyp.

1366ª. PALESIDA Har.
1 Chapuisi Har. Ab. xiv 2   Egyp.

1367. PSEUDOCOLASPIS Cast.
4 crassipes Lefèv. Ab. xiv 3 Alg.
5 græca Lefèv. Ab. xiv 4   G.
6 æneonigra Fairm. Ab. xiv 3 Alg.
7 Heydeni Lefèv. Ab. xiv 5 Maroc.
8 Leprieuri Lefèv. Ab. xiv 6 Alg.
9 carbonaria Lefèv. Ab. xiv 7 Alg.
10 diversicolor Schauf. Ab. xiv 6
               Syr.Alg.
11 brunnipes Ol. Ab. xiv 7   Alg.
   v. *variabilis* Schauf.   Syr.
   cyanea Raffr.   Alg.
12 divisa Woll. Rép. 431   Can.
13 dubia Woll. Rép. 431   Can.
14 obscuripes-Woll. Ab. xiv 7 Can.
15 splendidula-Woll. Rép. 432 Can.

1368. PACHNEPHORUS Redt.

7 cylindricus-Luc. Ab. xiv 19 EI.
   corinthius-Fairm.
     v. *hipponensis* Desb.Rép.432 Alg.
13 ruficornis Lefèv.Ab.xiv10 TPerse
14 hispidulus Fairm. Rép.433 Oran.
15 robustus-Desb. Ab. vii 132   R⁵.

1368ᵃ. DAMASUS Chap.

1 albicans Chap. Ab. xiv 21   Syr.

1369. COLASPIDEA Cast.

2 metallica-Rossi   F⁵E.
   æruginea F.
    globosa Kust. Fairm. Ab xiv 25.
     v. *abbreviata* Desb. Rép. 434 E.
3 grossa-Fairm. Rép. 434   Maroc.
9 ovulum-Fairm. Rép. 433   Alg.
10 inflata Lefèv. Ab. xiv 17   Alg.

CRYPTOCEPHALIDÆ.

1370. CRYPTOCEPHALUS Geof.

152 Bischoffi Tap. Ab. 300   Helv.
153 Perrisi Tap. Ab. 42   Alg.
154 infirmior Kr.   Pyrᵉ.
155 fulgurans-Raffr. Ab. 49   Alg.
156 tetrathyrus Solsky Ab. 301 Sib.
157 trapezensis Tap. Ab. 302 Nat.
158 liothorax Solsky Ab. 305 Sib.
159 excisus Seidl. Ab. 304   E.
160 Mniszechi Tap. Ab. 304 Sib.
161 Tappesi-Mars. Ab. 94 Syr.
162 peliopterus Solsky Ab. 305 Sib.
163 ergenensis Morav. Ab. 106 R⁵.
164 sareptanus-Morav. Ab. 111 R⁵.
165 tibialis Bris. Ab. 119 Pyr.
166 asturiensis Heyd. Ab. 123 E.
167 zambanellus-Mars. Ab. 130 Iₙ.
168 sibiricus Mars. Ab. 135 Sib.
169 podager Seidl. Ab. 138   E.
170 pallidocinctus-Fairm.Ab.156Alg.
171 princeps Rottb. Ab. 307   I.
172 Peyroni-Mars. Ab. 169 Syr.
173 acupictus-Raffr. Ab. 172 Alg.

174 Pelleti-Mars. Ab. 183   Pyr.
175 androgyne Mars. Ab. 184 Alp.
176 amiculus Baly Ab. 190 Sibᵉ.
177 altaïcus Har. Ab. 209 Sib.
178 pullatus-Mars. Ab. 217 Syr.
179 bidorsalis-Mars. Ab. 218 Liban.
180 plantaris-Suf. Ab. 310 Sic.
181 discicollis-Fairm. Ab. 227 Alg.
182 fallax Suf. Ab. 311   F⁵A.
   ochroleucus-Fairm.Ab.231 F⁵.
183 nitidicollis-Woll. Ab. 231 Can.
184 puncticollis-Woll. Ab. 232 Can.
185 Saintpierrei-Tap. Ab. 223 Oran.
186 Dadah-Mars. Ab. 234 Syr.
187 sindonicus-Mars. Ab. 236 Bône.
188 limbifer Seidl. Ab. 238   E.
189 longicornis Thoms. Ab. 341 S.
190 Reichei Mars. Ab. 247 Alg.

1371. PACHYBRACHYS Suf.

31 prasinus Fairm.   Oran.
32 pradensis-Mars. Ab. 270 Pyr.
33 Lallemanti-Mars. Ab. 271 Alg.
34 ochropygus Solsky Ab. 311 Sib.
35 scriptidorsus-Mars.Ab.261 R⁵Sib.
36 lætificus Mars. Ab. 282   R⁵.
37 simius-Mars. Ab. 283 Alg.
38 anoguttatus Mars. Ab. 284 E.
39 testaceus Perris Ab. 286 Corse.
40 riguus-Mars. Ab. 287 Asie.

272. STYLOSOMUS Suf.

9 flavus-Mars. Ab. 295   G.
10 biplagiatus Woll. Ab. 298 Fuert.
11 bipartitus-Fairm. Ab. 299 Alg.

CHRYSOMELIDÆ.

1373. CYRTONUS Latr.

15 gibbicollis Fairm.   Maroc.
16 cupreovirens-Per. Arc.   E.
17 coruscans-Vuillef.Ab.v293 Port.

1373ᵃ. CYRTONASTES Fairm.

1 æneomicans Fairm.   Syr.
2 phædonoides Fairm.   Syr.

1734. TIMARCHA Latr.

52 coarcticollis-Fairm.   E.
53 splendida Per. Arc.   E.
54 sericea Fairm.   E.
55 Piochardi Fairm.   E.
    Bruleriei Fairm.
56 erosa Fairm.   E.
57 tingitana Fairm.   Tang.
58 scabripennis Fairm. Ab. vi 388
                                          EAlg.
59 punctella-Mars. Ab. vi 387 Alg.
60 brachydera-Fairm.   Alg.
61 crassaticollis Fairm.   Alg.
62 Henoni Fairm.   Alg.
63 gravis Rosh.   Baléar.
    chalcosoma Fairm.
64 Camoensi Fairm.   Port.
65 validicornis Fairm.   Port.
66 montana Fairm.   G.
67 sublævis-Fairm.   Corse.
68 globulata Fairm.   Armén.
69 globata Fairm.   Banat.
70 elliptica Fairm.   Baléar.
71 gallica Fairm.   F⁵Iⁿ.
    lævigata Schæf.
72 dubitabilis Fairm.   I.
73 Bruleriei Bell. Rép. 435   F⁶.
74 globipennis Fairm.   E.
75 corallipes Fairm.   Alg.
76 sphæroptera Fairm.   E.
77 trapezicollis-Fairm.   Port.
78 corinthia Fairm.   Dalm.

1375. CHRYSOMELA L.

126 numida-Reiche Rép. 436   Alg.
159 Anceyi-Mars. Ab. v 211 Liban.
160 rufofemorata Heyd.   E.
161 dierythra Rottb.   Sic.
162 edughensis-Fairm.   Alg.
163 Graëllsi Per. Arc.   E.
164 cantabrica Heyd.   E.
165 libanicola-Mars.Ab.v 212 Liban.
166 fortunata Woll.Rép.435 Palma.
167 rutilans Woll. Rép. 435 Gom.
168 seriatopora Fairm.   Alg.
169 ruginosa Fairm.   Bône.

170 semiopaca Fairm.   Alg.
171 vagecincta Fairm.   Tunis.
172 Gastonis Fairm.   Alg.

1378. GONIOCTENA Redt.

13 Grandini Desb. Ab. vii 132   Fᵃ.

1381. PHÆDON Latr.

 3 ignita-Reiche Rép. 436   Alg.
15 menthæ-Woll.   Can.
16 transylvanica Fuss.   A.
    v. *carpathica* Weise   Carpat.

1382. PHRATORA Redt.

4 laticollis-Suf.   Eur.
    cavifrons Thoms. Rép. 437 S.
8 Fairmairei-Bris.   E.
9 major-Stierl. Ab. vi 360   Helv.

GALERUCIDÆ.

1384. ADIMONIA Laicht.

58 cicatricosa-Chevl. Ab. viii 181' E.
59 tripoliana Chevl.   Syr.
60 vicina Solsky   Sibᶜ.
61 hamaticollis Fairm.   Maroc.
62 Miegi Per. Arc.   E.

1384ₐ. GALERUCIDA Mots.

1 flavipennis Solsky   Sibᶜ.

1385. GALERUCA Geof.

16 carinulata Desb. Ab. vii 134 Rˢ.
17 suturalis Thoms.   S.

1386. RAPHIDOPALPA Chevl.

2 signata Kirsch.   Sic.

1389. PHYLLOBROTICA Redt.

6 elegans Kr.   T.

1390. LUPERUS Geof.

42 Biraghii-Rag. Rép. 431   Sic.
    ætnensis Rottb.
43 acutipennis Fairm.   Maroc.
44 lævis Kiesw.   Corse.
45 betulinus-Fourcr.   Eur.
    v. *diniensis*-Bell. Rép. 438 Fˢ.
46 Rottenbergi-Rag.   Sic.
47 sordidus Kiesw.   Eˢ.

ALTICIDÆ.

1394. CREPIDODERA Chevl.

34 transylvanica Mill. Ab. vii 146A.
35 Abeillei Baud.　　　＊　　Palest.
36 judæa All. Ab. xiv　　Palest.

1395. ORESTIA Germ.

7 Pomeraui-Per. Ab. vii 33　Alg.
　　maura Luc. (Cryptophagus).
8 parallela All. Ab. xiv 23　Syr.
9 Bruleriei All. Ab. xiv 23　Syr.
10 arcuata-Mill. Ab. vii 147　A.
11 Hampei Mill. Ab. vii 147　Croat.
12 elektra Gredl.　　　　　Tyr.
13 andalusica All. Ab. v 196　E.

1396. GRAPTODERA Chevl.

14 hispana All. Ab. v 477　　E.
15 splendens Muls.　　　　Pyr.
16 Hampei All. Ab. iii 499　Rᵉ.

1397. APHTHONA Chevl.

41 pulcherrima All. Ab. iii 321 Alg.
42 brunnipes All.　　　　　Eᵉ.
43 sardea All. Ab. iii 490　Sard.
44 maculata All. Ab. xiv 23 Palest.
45 viridula All. Ab. iii 491　Syd.
46 punctigera Muls.　　　　Fᵉ.
47 subimpressa Muls.　　　Fᵉ.
48 punctiventris Muls.　　　Fᵉ.
49 Perrisi-All. Ab. v 477　Corse.
50 subaptera Muls.　　　　Fᵉ.
51 æneomicans All. Rép. 439 Alp.
52 Heydeni All. Rép. 439　E.
53 fossulata All.　　　　　Fᵉ.
54 orientalis Muls.　　　　Nat.

1400. PHILLOTRETA Foud.

28 Foudrasi-Bris.　　　　F.
29 arenicola Muls.　　　　Rᵉ.
30 dilatata Thoms. Rép. 440　S.

1401. PODAGRICA Chevl.

9 unicolor-Mars. Ab. v 213　Natol.

1402. BATOPHILA Foud.

4 Bertolinii Gredl.　　　　Tyr.

1403. PLECTROSCELIS Lat.

25 Schæfflini Stierl. Ab. vii 175 Mésop.
26 Perrisi Baud.　　　　Palest.
27 lævicollis Thoms. Rép. 441　S.
28 orientalis Baud.　　　Syr.
29 punctulata Muls.　　　Fᵉ.
30 Kerimi Fairm.　　　　Tunis.

1405. BALANOMORPHA Chevl.

7 limbata All. Ab. xiv 24　Syr.
8 suturata Fairm.　　　　Alg.
9 nitens All. Ab. iii 501　Alg.

1409. THYAMIS Steph.

111 gracilicornis Muls.　　FᵉSic.
112 sternalis Muls.　　　Fᵉ.
113 australis Muls　　　Fᵉ.
114 livens Muls.　　　　Fᵉ.
115 nebulosa-All. Ab. iii 495 Corse.
116 angusta All. Ab. xiv 24　Syr.
117 scutellaris Muls.　　　Fᵉ.
118 obsoleta Muls.　　　Fᵉ.
119 paleacea Muls.　　　F.
120 agilis Rye　　　　　B.
121 distinguenda-Rye　　B.

1410. DIBOLIA Latr.

17 Foudrasi Muls.　　　　F.

1411. PSYLLIODES Latr.

52 Foudrasi Fairm.　　　F.
53 amplicollis Woll. Rép. 442 Mad.
54 catinensis Rottb.　　　Sic.
55 sicula Stierl. Ab. vii 200　Sic.
56 sicana Muls.　　　　Sic.
57 Kiesenwetteri Kutsch.　Carint.
58 ventricosa Rottb.　　　Sic.

HISPIDÆ.

1412. HISPA Lin.

6 angulosa Solsky　　　Sib.

CASSIDIDÆ.

1414. CASSIDA L.

64 sareptana Kr.　　　　Rᵉ.
65 græca Kr.　　　　　G.
66 Pellegrini-Mars. Ab. v 113 Syr.

67 humeralis Kr.   Maroc.
68 flaviventris Kr.   R[s].
69 Kœchlini-Mars. Ab. 67. 68' Alg[s].
70 Concha Solsky   Sib[e].
71 cornea Mars. Ab. v 214   Syr.

EROTYLES.

1415. TRIPLAX Payk.

12 Marseuli-Bed. Ab. v 24   Bône.
13 breviscutata Fairm.Rép.443 Maroc
14 amœna Solsky   Sib[e].
15 gracilenta Solsky   Sib[e].
16 pygmæa Kr.   Styr.
   styriaca Stierl.

1417. TRITOMA F.

2 consobrina Lewis   Sib.
3 Maacki Crotch.   Sib.
4 8-notata Bedel   Cauc.

1417a. XESTUS Woll.

1 throscoides Woll. Ab. v 43 Can.
2 fungicola Woll. Rép. 443   Gom.

1417b. EUXESTES Woll.

1 Parkii-Woll. Rép. 444   Madère.

1420. ENGIS F.

6 pontica-Bed. Ab. v 9   Syr.
7 Morawitzi Solsky   Sib[e].

ENDOMYCHIDES.

1422. DAPSA Latr.

6 edentata-Woll. Ab. v 103   Can.
7 inornata-Crotch.   Syr.
8 spinicollis-Fairm.Rép.444 Maroc.
9 subpunctata Mars. Ab. v 107 Alg.
10 sellata-Mars. Ab. v 108   Alg.
11 pallescens-Mars. Ab. v 109 Alg.

1423. LYCOPERDINA Latr.

5 penicillata-Mars. Ab. v 96 Alg.
6 humeralis Woll. Ab. v 98   Can.

SECURIPALPES.

1431. ADALIA Muls.

11 Revelierei Muls.   Corse.

1434. COCCINELLA Lin.

1 14-pustulata-L,   Eur.
   v.*Marmottani*Fairm.Rép.445 A'g.
   v.*Ghilianii* Bellier.Rép.445 Alp.
15 miranda-Woll.   Can.

1436 MYRRHA Muls.

1 18-guttata-L.   Eur.
   v.*Andersoni* Woll. Rép. 446 Mad.
2 14-plagiata Ball. Rép. 446 Turcm.

1437. CALVIA Muls.

1 hololeuca-Muls.   Sib.
   deflorata Solsky.
   eburnea Bell. Rép. 446   Alp.

1441. MICRASPIS Chevl.

4 tetradyma Fairm. Rép. 446 Maroc.

1445. CHEILOMENES Muls.

2 Isis Crotch.   Egyp.

1446. CHILOCORUS Leach.

3 canariensis Crotch.   Tén.
   renipustulatus Woll.   Can.
4 biplagiatus Walker   Arab.

1447. EXOCHOMUS Redt.

11 Gestroï Fairm.   Tunis.
12 minutus Kr.   A.

1448. BRUMUS Muls.

2 Olcesi Crotch.   Tang.

1449. HYPERASPIS Chevl.

3 4-maculata-Redt.   Eur.
   v. 6-*guttata* Bris. Rép. 447 E.
14 guttulata Fairm. Rép. 447 Alg.
15 Bellieri Chevl. Rép. 448   E.
16 Teinturieri Muls. Rép. 448 Alg.
17 albidiceps Walk.   Egyp[n].
18 algirica Crotch.   Oran.

1455. NOVIUS Muls.

1 10-punctatus Kr. Rép. 450 E.
3 algiricus Crotch.   Alg.

1456. PHARUS Muls.

2 basalis Kirsch. Rép. 450   Egyp.
3 bardus Muls. Rép. 451   Alg.

1457. PLATYNASPIS Redt.

2 bella Woll. Rép. 449   Can.
3 4-plagiata Woll. Rép. 448 Fuert.

1458. SCYMNUS Kugel.

56 includens-Kirsch. Rép. 451 Egyp.
57 Isidis Kirsch. Rép. 452   Egyp.
58 varius Kirsch. Rép. 452   Egyp.
59 maculosus-Woll. Rép. 452 Canar.
60 bicinctus Muls. Rép. 453   Alg.
61 canariensis-Woll. Rép. 453 Can.
    v. *rufipennis* Woll.   Hierro.
62 oblongior Woll. Rép. 454   Tén.
63 cercyonoides-Woll. Rép. 454
    Tén. Gom. Palm.
64 epistemoides Woll.   Mad.

65 conjunctus-Woll.   Mad.
66 pharoides Mars. Ab. v 215 Syr.
67 syriacus-Mars. Ab. v 216 Syr.

1460. RHIZOBIUS Steph.

1 litura-F.   Eur.
    v. *nigriventris* Thoms. Rép. 655 S.
4 subdepressus Seidl.   Eur.

1462. LITHOPHILUS Frœhl.

3 major Crotch.   Syr.
4 ovipennis Crotch.   Palest.
5 pallidus Crotch.   Perse.
6 deserticola Woll. Rép. 455 Fuert.

1463. ALEXIA Steph.

4 hirtula Reit.   Cauc.

271, boulevard Péreire, Ternes. — Paris, le 20 mai 1877.

Monsieur,

Sollicité par plusieurs de nos amis, nous nous proposons de publier une liste de tous les coléoptéristes de France et de l'étranger. Tous comprendront l'utilité d'un pareil travail ; ne sont-ce pas les relations scientifiques entre amateurs qui créent et alimentent le goût des études entomologiques ?

Cette liste, sous une forme très-concise, contiendra les détails suivants :

1. — Nom, prénoms, date, lieu de naissance, profession et adresse de l'entomologiste.

2. — Titre et date de publication de chacun de ses ouvrages : s'ils sont publiés à part, le format, l'éditeur, l'année et le nombre de pages ; s'ils font partie d'une Revue, le volume, l'année et la page où ils se trouvent.

3. — Un aperçu sommaire de sa collection, soit générale ou spéciale, soit du monde entier ou locale (Ancien-Monde, France, Allemagne... Normandie, Maine, Alsace...), le nombre approximatif d'espèces.

Pour garantir l'exactitude des renseignements, nous nous adressons aux intéressés eux-mêmes et nous faisons appel à leur bon vouloir.

Nous vous prions donc, Monsieur, de vouloir bien remplir le bulletin suivant et de nous le retourner comme *papier d'affaires*. Vous rendrez service à ceux qui partagent vos goûts et nous vous en serons personnellement reconnaissant. De MARSEUL.

1. — Nom et prénoms : M. _______________________________________

Date, lieu de naissance, profession : _________________________

Adresse : ____

2. — Ouvrages à part : titre, — éditeur, — année de publication, — format, — pages :

Ouvrages dans une Revue : Soc. ent. France, — Russie, — Berlin, Londres, etc. : titre, — tome, — année, — page, — planches :

3. — Collection générale (de toutes les familles) : ________________

Collection spéciale (Carabiques, Buprestides) : ________________

Collection universelle (de toute la terre) : ________________

Collection locale (de l'Ancien-Monde, France, Angleterre, Allemagne... Normandie, Maine) : ________________